DANIEL SOMBRA DA SILVA FILHO
NILOMAR VIEIRA DE OLIVEIRA

$$\left(\frac{a}{(a,b)}, \frac{b}{(a,b)}\right) = 1.$$

$$\underbrace{111\ldots11}_{p-\text{uns}} = \frac{10^p - 1}{9}$$

$$\frac{n^p}{p} + \frac{n^q}{q} + \frac{(pq - p - q)n}{pq}$$

$$\prod_{i=1}^{7}(2i+1)^2$$

$$\begin{cases} x \equiv a_1 \ (mod\ m_1) \\ x \equiv a_2 \ (mod\ m_2) \\ \vdots \\ x \equiv a_r \ (mod\ m_r), \end{cases}$$

$$\sigma(n) = \prod_{i=1}^{m} \frac{p_i^{\alpha_i+1} - 1}{p_i - 1}$$

TEORIA DOS NÚMEROS:

PRATICANDO A RESOLUÇÃO DE PROBLEMAS OLÍMPICOS

EDITORA CIÊNCIA MODERNA

Teoria dos Números: praticando a resolução de problemas olímpicos

Editor: Paulo André P. Marques
Produção Editorial: Dilene Sandes Pessanha
Capa: Daniel Jara
Copidesque: Equipe Ciência Moderna

FICHA CATALOGRÁFICA

SILVA FILHO, Daniel Sombra da; OLIVEIRA, Nilomar Vieira de.

Teoria dos Números: praticando a resolução de problemas olímpicos

Rio de Janeiro: Editora Ciência Moderna Ltda., 2021.

1. Matemática
I — Título

ISBN: 978-85-399-1050-2 CDD 510

Editora Ciência Moderna Ltda.
R. Alice Figueiredo, 46 – Riachuelo
Rio de Janeiro, RJ – Brasil CEP: 20.950-150
Tel: (21) 2201-6662/ Fax: (21) 2201-6896
E-MAIL: LCM@LCM.COM.BR
WWW.LCM.COM.BR

03/21

LISTA DE SIGLAS

AIME	American Invitational Mathematics Examination.
IMO	International Mathematical Olympiad.
IME	Instituto Militar de Engenharia.
OBM	Olimpíada Brasileira de Matemática.
OCM	Olimpíadas Cearenses de Matemática.
OCS	Olimpíada de Matemática do Cone Sul.
PuMAC	Princeton University Mathematics Competition.

SUMÁRIO

INTRODUÇÃO

A teoria dos números é um ramo da Matemática praticamente inexplorado no ensino básico e quase inexistente Ensino Médio. As aplicações e propriedades no Ensino Fundamental se restringem aos critérios de divisibilidade, ao máximo divisor comum e ao Algoritmo de Euclides, apresentados de forma bastante elementar e tímida.

Contudo a teoria dos números é um ramo bastante vasto dentro da Matemática, fortemente relacionada à resultados da Álgebra. Nela constituem-se ferramentas muito poderosas para a resolução de problemas de olimpíadas, demonstração de propriedades e aplicações indiretas em outras ciências.

Nesta obra são apresentados e demonstrados, de forma clara e concisa, os resultados mais fundamentais referentes à teoria dos números, os quais não precisam de estudos avançados na área para serem compreendidos. Uma familiaridade com as propriedades dos números inteiros, os aspectos de divisibilidade vistos na educação básica e noções de demonstração matemática são suficientes para que o leitor compreenda o escopo da obra.

Os principais resultados apresentados são: o Algoritmo de Euclides, o Teorema Fundamental da Aritmética, os Teoremas de Fermat, Wilson e Euler e a função ϕ de Euler. No transcorrer das demonstrações são apresentados exercícios que exemplificam a teoria.

Além disso, são dedicados dois capítulos para resolução de problemas olímpicos, com a intenção de explorar de forma inteligente os conceitos apresentados no transcorrer da teoria.

Apesar das diversas revisões realizadas no texto, somos passíveis de erros técnicos, especialmente relacionados à digitação dos textos matemáticos. Nesse sentido, apontamentos sobre possíveis falhas e sugestões serão extremamente bem-vindos.

Esperamos que este livro seja de grande valia para estudantes e professores que necessitam se aperfeiçoar e complementar conhecimentos na área de teoria dos números.

Os autores.

CAPÍTULO 1

DIVISIBILIDADE

1.1 Aspectos, definições e propriedades

Definição 1.1. *Se a e b são inteiros, dizemos que a divide b, denotando por $a \mid b$, se existir um inteiro c tal que $b = ac$. Podemos também dizer neste caso que b é **múltiplo** de a, ou ainda, a é **divisor** de b.*

Se a não divide b, escrevemos $a \nmid b$. Por exemplo, temos que $-6 \mid 12$, pois $12 = -6 \times 2$, mas $12 \nmid -6$, já que não existe inteiro que multiplicado por 12 seja igual a -6.

Lema 1.1. *Se a, b, c e $d \in \mathbb{Z}$, temos:*

i) ("d divide") Se $d \mid a$ e $d \mid b$, então $d \mid ax+by$ para qualquer combinação linear $ax + by$ de a e b com coeficientes $x,y \in \mathbb{Z}$.

ii) (Limitação) Se $d \mid a$, então $a = 0$ ou $|d| \leq |a|$.

iii) (Transitividade) Se $a \mid b$ e $b \mid c$, então $a \mid c$

Demonstração:

i) Se $d \mid a$ e $d \mid b$, então segue da definição anterior que $a = dq_1$ e $b = dq_2$, onde $q_1, q_2 \in \mathbb{Z}$. Por conseguinte, $ax + by = d(q_1x + q_2y)$. Como $q_1x + q_2y \in \mathbb{Z}$, concluímos que $d \mid ax + by$.

ii) Suponha que $d \mid a$ e $a \neq 0$. Neste caso, $a = dq$ com $q \neq 0$. Sendo q inteiro, temos $|q| \geq 1$ e $|a| = |d||q| \geq |d|$.

iii) Finalmente, se $a \mid b$ e $b \mid c$, então existem $q_1, q_2 \in \mathbb{Z}$ tais que $b = aq_1$ e $c = bq_2$. Substituindo o valor de b em c, chegamos a $c = aq_1q_2$ e, portanto, $a \mid c$.

■

Teorema 1.1 (O Algoritmo da divisão). *Dados $a, b \in \mathbb{Z}$, com $b \neq 0$, existem únicos $q, r \in \mathbb{Z}$ tais que*

$$a = bq + r, \quad com \quad 0 \leq r < |b|.$$

(q é chamado de quociente e r de resto da divisão de a por b)

Demonstração: Vamos separar a demonstração em dois casos: $b > 0$ e $b < 0$. Inicialmente suponha que $b > 0$ e q seja o maior inteiro tal que $bq \leq a$. Dessa forma, se multiplicarmos b pelo sucessor de q concluiremos que

$$bq \leq a < b(q+1), \text{ subtraindo } bq \text{ da desigualdade}$$
$$\Rightarrow 0 \leq a - bq < bq,$$

e definindo $r = a - bq$ garantimos a existência do resto (r) e do quociente (q). Para o segundo caso, se $b < 0$, então $|b| = -b > 0$, donde existem $q, r \in \mathbb{Z}$ tais que $a = (-b)q + r$, com $0 \leq r < -b$ pelo que obtemos no primeiro caso. Assim sendo, $a = b(-q) + r$, com $0 \leq r < -b = |b|$.

Para a unicidade, vamos supor que existe um outro par q_1 e r_1 verificando: $a = qb + r = q_1b + r_1$ com $0 \leq r_1 < |b|$. Então, temos:

$$|r_1 - r| < |b| \text{ e } b(q - q_1) = r_1 - r.$$

Se $q \neq q_1$, então $|q - q_1| \geq 1$, de forma que

$$|b| \leq |b| \cdot |q - q_1| = |r_1 - r| < |b|,$$

uma contradição. Portanto, devemos ter $q = q_1$ e, por conseguinte, $r = r_1$.

■

Teorema 1.2 (Teorema dos Restos). *Se b_1 e b_2 deixam restos r_1 e r_2 na divisão por a, respectivamente, então:*

$b_1 + b_2$ deixa o mesmo resto que $r_1 + r_2$ na divisão por a

$b_1 b_2$ deixa o mesmo resto que $r_1 r_2$ na divisão por a

Demonstração:

Por hipótese, existem q_1 e q_2 e q tais que: $b_1 = aq_1 + r_1, b_2 = aq_2 + r_2$ e $r_1 + r_2 = aq + r$, logo:

$$b_1 + b_2 = a(q_1 + q_2 + q) + r.$$

Como $0 < r < |a|, b_1 + b_2$ deixa resto r quando dividido por a. De modo análogo, fazendo agora $r_1 r_2 = aq' + R$,temos que:

$$\begin{aligned} b_1 b_2 &= aq_1 aq_2 + aq_1 r_2 + aq_2 r_1 + r_1 r_2 \\ &= a(aq_1 q_1 + q_1 r_2 + q_2 r_1 + q') + R \end{aligned}$$

Do mesmo modo, como $0 < R < |a|, b_1 b_2$ deixa resto R quando dividido por a. ■

Teorema 1.3. *Sejam dados números inteiros a, b e c, tais que $c \mid a$. Então $c \mid a + b$ se, e somente se, $c \mid b$.*

Demonstração:

Se $c \mid a + b$, então existe $K \in \mathbb{Z}$ tal que $cK = a + b$ (I). Como, por hipótese, $c \mid a$, então $a = ck_1$, com $k_1 \in \mathbb{Z}$. Desse modo, podemos reescrever

(I) assim:

$$\begin{aligned} cK = ck_1 + b \Rightarrow b &= cK - ck_1 \\ \Rightarrow b &= c(K - k_1) \\ \Rightarrow b &= ck_2, \text{com } k_2 = K - k_1 \in \mathbb{Z}. \end{aligned}$$

Reciprocamente, se $c \mid b$ e $c \mid a$, então

$$a + b = ck_1 + ck_2 = c(k_1 + k_2) = cK',$$

com $K' = k_1 + k_2 \in \mathbb{Z}$. Portando, $c \mid a + b$.

■

1.2 Critérios de divisibilidade por 2, 5 e 10

Critérios de divisibilidade são uma importante ferramenta para decidir se um número é múltiplo de outro prefixado sem a necessidade de efetuar a divisão euclidiana, daí a extrema importância desses critérios. Vale salientar que os critérios não são utilizados para encontrar quociente ou mesmo resto, mas apenas determinar se há relação de multiplicidade entre dois inteiros.

A seguir, veremos alguns desses critérios.

Seja dado um número n escrito no sistema decimal como

$$n = n_r \cdots n_1 n_0 = n_r 10^r + \cdots + n_1 10 + n_0$$

Podemos então escrever

$$n = (n_r(10^{r-1}) + \cdots + n_1)10 + n_0$$

onde n_0 é o algarismo das unidades de n.

Reciprocamente, se n é da forma $n = 10m + n_0$, onde n_0 é um dos algarismos de 0 a 9, então n_0 é o algarismo das unidades de n.

Critério de divisibilidade por 2

Teorema 1.4 (Divisibilidade por 2). *Um número é múltiplo ou divisível por 2 se, e somente se, o seu algarismo das unidades é par.*

Demonstração:

Inicialmente, consideremos a tabela:

$$\begin{array}{ll} 2\times 0 = 10\cdot 0+0 & 2\times 5 = 10 = 10+0 \\ 2\times 1 = 10\cdot 0+2 & 2\times 6 = 12 = 10+2 \\ 2\times 2 = 10\cdot 0+4 & 2\times 7 = 14 = 10+4 \\ 2\times 3 = 10\cdot 0+6 & 2\times 8 = 16 = 10+6 \\ 2\times 4 = 10\cdot 0+8 & 2\times 9 = 18 = 10+8 \end{array}$$

Note que todo número acima é um múltiplo de 10 somado com um dos números: 0, 2, 4, 6 ou 8 (números pares).

Suponha agora que um dado número inteiro positivo n seja par, ou seja, $n = 2m$, onde m é inteiro positivo. Escrevendo m da forma $m = m'10 + m_0$, onde m_0 é o algarismo das unidades de m, temos:

$$n = 2(m'10 + m_0) = 2m'10 + 2m_0.$$

Sendo $2m_0$ um dos números da tabela, temos que ele é um múltiplo de 10 somado com um dos números: 0, 2, 4, 6 ou 8. Logo, $n = 2m'10 + 2m_0$ é um múltiplo de 10 somado com um dos números: 0, 2, 4, 6 ou 8, e portanto, o seu algarismo das unidades é 0, 2, 4, 6 ou 8.

Reciprocamente, se $2 \mid n_0$, então $n_0 = 2q$ para algum $q \in \mathbb{Z}$ e assim,

$$\begin{aligned} n &= (n_r(10^{r-1}) + \cdots + n_2 10 + n_1)10 + 2q \\ &= 2[(n_r(10^{r-1}) + \cdots + n_2 10 + n_1)5 + q]. \end{aligned}$$

E, portanto, $2 \mid n$.

■

Critério de divisibilidade por 5 e 10

Teorema 1.5. *Um número é múltiplo de 5 se, e somente se, o seu algarismo das unidades for 0 ou 5. Um número é múltiplo de 10 se, e somente se, o seu algarismo das unidades for 0.*

Demonstração: Seja n um número natural escrito na forma $n = 10m + n_0$, onde n_0 é o algarismo das unidades de n. Como $10m$ é múltiplo de 5 e de 10, temos que n é múltiplo de 5 ou de 10 se, e somente se, n_0 é múltiplo de 5 ou de 10, respectivamente, conforme vimos no Teorema 1.4. Isto ocorre se, e somente se, $n_0 = 0$ ou $n_0 = 5$, no primeiro caso; e $n_0 = 0$, no segundo.

Reciprocamente, se n termina em 5, então $n = 10m+5 \Rightarrow n = 5(2m+1)$. Daí n é múltiplo de 5. Se n termina em 0, então $n = 10m \Rightarrow n = 5(2m)$. Claramente, pela última sentença, n é múltiplo de 5 e de 10.

■

1.3 Critérios de divisibilidade por 9 e 3

Teorema 1.6. *Um número $n = n_r \cdots n_1 n_0$ é múltiplo de 9 ou de 3 se, e somente se, o número $n_r + \cdots + n_1 + n_0$ for múltiplo de 9 ou de 3, respectivamente.*

Demonstração:

Inicialmente note os seguintes fatos:

$$10 - 1 = 9 = 1 \times 9,$$
$$10^2 - 1 = 100 - 1 = 99 = 11 \times 9,$$
$$10^3 - 1 = 1000 - 1 = 999 = 111 \times 9,$$
$$10^4 - 1 = 10\,000 - 1 = 9\,999 = 1\,111 \times 9.$$

Em geral, para n um inteiro positivo, temos:

$$10^n - 1 = \underbrace{11 \cdots 1}_{n \text{ vezes}} \times 9.$$

Portanto, todos os números de forma $10^n - 1$ são múltiplos [1] de 9 e também de 3, já que 9 é múltiplo de 3. Seja dado agora um número n escrito no sistema decimal como:

$$n = n_r \cdots n_1 n_0 = n_r 10^r + \cdots + n_1 10 + n_0$$

Subtraiamos a soma $n_r + \cdots + n_1 + n_0$, dos algarismos que compõem o número n, de ambos os membros da igualdade acima:

$$\begin{aligned} n - (n_r + \cdots + n_1 + n_0) &= n_r 10^r - n_r + \cdots + n_1 10 - n_1 + n_0 - n_0 \\ &= (10^r - 1)n_r + \cdots + (10 - 1)n_1 \end{aligned}$$

Note agora que a última expressão é sempre múltipla de 9 (logo, de 3). Portanto, pelo Teorema 1.3, temos que n é múltiplo de 9 ou de 3 se, e somente se, o número $n_r + \cdots + n_1 + n_0$ é múltiplo de 9 ou de 3.

■

1.4 Critério de divisibilidade por 6

Teorema 1.7. *Um número inteiro n é divisível por 6 se, e somente se, $3 \mid n$ e $2 \mid n$.*

Demonstração: Suponhamos que n é um número divisível por 6. Logo, existe $q \in \mathbb{Z}$ tal que

$$n = 6q = 2(3q) = 3(2q).$$

Nesse caso, n é divisível por 2 e por 3.

Reciprocamente, se $3 \mid n$ e $3 \mid n$, então existem $r,\ s \in \mathbb{Z}$ tais que

$$n = 2r \quad \text{e} \quad n = 3s.$$

[1]Uma outra maneira de provar isto é usando indução matemática, isto é, $9 \mid (10^n - 1)$, para todo $n \in \mathbb{N}$.

Multiplicando a equação da página anterior por 3 e a segunda equação por 2, obtemos:

$$3n = 6r \quad \text{e} \quad 2n = 6s.$$

Se subtrairmos a segunda da primeira equação obtemos:

$$n = 6(r - s).$$

Portanto, $6 \mid n$, pois $r - s = k \in \mathbb{Z}$.

■

1.5 Critério de divisibilidade por 7

Teorema 1.8. *Um número* $N = 10k + i$ *é múltiplo de* $7 \Leftrightarrow k - 2i$ *é múltiplo de* 7.

Demonstração:

Se $N = 10k + i$, com k, i inteiros positivos, é múltiplo de 7, então $\exists\, m \in \mathbb{Z}; 10k + i = 7m$ e, portanto, $k - 2i = k - 2(7m - 10k) = k - 14m + 20k = 21k - 14m = 7(3k - 2m)$. Assim, notamos que, de fato, $k - 2i$ é múltiplo de 7.

Reciprocamente, se $k - 2i$ é múltiplo de 7, então existe $n \in \mathbb{Z}$ tal que $k - 2i = 7n$ e, portanto, $10k + i = 10(7n + 2i) + i = 70n + 20i + i = 70n + 21i = 7(10n + 3i)$ e, de fato, verificamos que $10k + i = N$ é múltiplo de 7.

■

Sendo este caso menos recorrente, vejamos um exemplo:

Exemplo 1.1. *Verificar se* $7 \mid 46\ 186$.

Solução:

Seja $n = 46\ 186$. Vamos colocar o número na forma $10k + i$ e calcular $k - 2i$. Caso $k - 2i$ ainda seja um número relativamente grande, faremos o mesmo com esse novo número. Vejamos:

$$n = 46\,186 = 10 \times 4\,618 + 6, \text{ com } \ k = 4\,618 \ \text{ e } \ i = 6$$

Calculando $k - 2i$, teremos:

$$4\,618 - 2 \times 6 = 4\,606$$

Aplicando novamente o procedimento, mas agora para o número $4\,606 = 10 \times 460 + 6$ e assim sucessivamente, temos:

$$\begin{aligned} 460 - 2 \times 6 &= 448 \\ 44 - 2 \times 8 &= 28 \end{aligned}$$

como $7 \mid 28$, então $7 \mid 46\,186$.

■

1.6 Critério de divisibilidade por 11

Lema 1.2. *Para todo número inteiro positivo $n \geq 1$, 10^n é da forma $11q + (-1)^n$.*

Demonstração: Usaremos indução matemática sobre n para provar este resultado. Esse método é de grande importância, uma vez que é importante ferramenta para demonstrar identidades matemáticas.

Claramente o resultado vale para $n = 1$, pois $10 = 11 - 1$. Vamos supor que vale para $n = k > 1$ e vamos mostrar que vale para $n = k + 1$. Temos:

$$\begin{aligned} 10^{k+1} &= 10^k \cdot 10 \\ &= (11q + (-1)^k) \cdot 10 \\ &= 11q \cdot 10 + (-1)^k \cdot \underbrace{10}_{11-1} \\ &= 11 \cdot 10q + 11 \cdot (-1)^k + (-1) \cdot (-1)^k \\ &= 11\underbrace{(10q + (-1)^k)}_{m} + (-1)^{k+1} \end{aligned}$$

■

Teorema 1.9. *Um inteiro positivo $n = n_r n_{r-1} \cdots n_1 n_0$ é divisível por 11 se, e somente se, a soma alternada dos seus algarismos*

$$n_0 - n_1 + n_2 - \cdots + (-1)^r n_r$$

for divisível por 11.

Demonstração: Como já sabemos, podemos escrever n da seguinte forma:

$$n = n_r \cdot 10^r + \cdots + n_2 \cdot 10^2 + n_1 \cdot 10 + n_0, \text{ onde } 0 \leq n_i \leq 9.$$

e usando o lema anterior, escrevemos:

$$\begin{aligned} n &= n_r \cdot (11q_r + (-1)^r) + \cdots + n_2 \cdot (11q_2 + (-1)^2) \\ &\quad + n_1 \cdot (11q_1 + (-1)) + n_0 \\ &= 11\underbrace{(n_r q_r + \cdots + n_2 q_2 + n_1 q_1)}_{k} + \underbrace{(n_0 - n_1 + n_2 - \cdots + (-1)^r n_r)}_{t}, \end{aligned}$$

isto é, $n = 11k + t$ e pelo Teorema 1.3, $11 \mid n \Leftrightarrow 11 \mid t$.

■

1.7 Critério de divisibilidade por 4 e 8

Critério de divisibilidade por 4

Teorema 1.10. *Um inteiro positivo é divisível por 4 se, e somente se, o número formado pelos seus dois últimos algarismos for divisível por 4.*

Demonstração: Seja $n = n_r \cdots n_2 n_1 n_0$ um inteiro positivo com pelo menos três algarismos. Podemos então reescrevê-lo da seguinte forma:

$$100\underbrace{n_r n_{r-1} \cdots n_2}_{k} + \underbrace{n_1 n_0}_{t} = 100k + t = 4 \cdot 25k + t.$$

Assim sendo, pelo Teorema 1.3 temos: $4 \mid n \Leftrightarrow 4 \mid t$, onde t é o número formado pelos dois últimos algarismos de n. ■

Critério de divisibilidade por 8

Teorema 1.11. *Um inteiro positivo é divisível por 8 se, e somente se, o número formado pelos seus três últimos algarismos for divisível por 8.*

Demonstração: Seja $n = n_r \cdots n_2 n_1 n_0$ um inteiro positivo com pelo menos quatro algarismos. Podemos então reescrevê-lo da seguinte forma:

$$1000\underbrace{n_r n_{r-1} n_{r-2} \cdots n_3}_{p} + \underbrace{n_2 n_1 n_0}_{q} = 1000k + q = 8 \cdot 125k + q.$$

Assim sendo, pelo Teorema 1.3 temos: $8 \mid n \Leftrightarrow 8 \mid q$, onde q é o número formado pelos três últimos algarismos de n.

■

1.8 O Máximo Divisor Comum - M.D.C

Definição 1.2. *Se $a_1, a_2, a_3, \ldots, a_n$ são inteiros não nulos dados, dizemos que um inteiro d é um **divisor comum** de $a_1, a_2, a_3, \ldots, a_n$ quando $d \mid a_1$, $d \mid a_2, d \mid a_3, \ldots, d \mid a_n$.*

Note que $a_1, a_2, a_3, \ldots, a_n$ sempre têm divisores comuns: 1, por exemplo. Além disso, qualquer inteiro não nulo tem apenas um número finito de divisores, pela "Limitação", $a_1, a_2, a_3, \ldots, a_n$ têm apenas um número finito de divisores comuns.

Definição 1.3. *O **máximo divisor comum** dos inteiros não nulos a_1, a_2, a_3, a_4, $\ldots, a_n$, denotado por $(a_1, a_2, a_3, \ldots, a_n)$, é o maior dentre os divisores comuns de $a_1, a_2, a_3, a_4 \ldots, a_n$. Ademais, os inteiros $a_1, a_2, a_3, a_4, \ldots, a_n$ são chamados **primos entre si**, **relativamente primos** ou **coprimos**, se $(a_1, a_2, a_3, a_4 \ldots, a_n) = 1$.*

Vamos agora nos restringir ao cálculo do máximo divisor comum com dois inteiros não nulos.

Teorema 1.12. *(Bachet-Bézout) Sejam $a, b \in \mathbb{Z}^*$. Então existem $x, y \in \mathbb{Z}$ com*

$$ax + by = (a, b).$$

Portanto, se $c \in \mathbb{Z}$ é tal que $c \mid a$ e $c \mid b$, então $c \mid (a, b)$.

Demonstração: Considere o conjunto de todas as combinações $\mathbb{Z}$-lineares de a e b:

$$I(a, b) \stackrel{def}{=} \{ax + by \colon x, y \in \mathbb{Z}\}.$$

Seja $d = ax_0 + by_0$ (I) o menor elemento positivo de $I(a, b)$ (Note que $x, y \in \mathbb{Z}$, então é relativamente fácil encontrar um valor positivo em $I(a, b)$). Afirmamos que d divide todos os elementos de $I(a, b)$. De fato, dado $m = ax + by \in I(a, b)$ (II), sejam $q, r \in \mathbb{Z}$ o quociente e o resto na divisão euclidiana de m por d, de modo que $m = dq + r$ (III) e $0 \leq r < d$. Substituindo (I) e (II) em (III), temos:

$$\begin{aligned} r = m - dq &= ax + by - (ax_0 + by_0)q \\ &= a(x - qx_0) + b(y - qy_0) \in I(a, b). \end{aligned}$$

Mas como $r < d$ e d é o menor elemento positivo de $I(a, b)$, segue que $r = 0$ e portanto $d \mid m$.

Em particular, como $a, b \in I(a, b)$ (basta tomar $x = 1$ e $y = 0$ para obter a e o contrário para obter b) temos que $d \mid a$ e $d \mid b$, logo $d \leq (a, b)$. Note ainda que se $c \mid a$ e $c \mid b$, então $c \mid ax_0 + by_0 \Leftrightarrow c \mid d$. Tomando $c = (a, b)$, temos que $(a, b) \mid d$ o que, juntamente com a desigualdade $d \leq (a, b)$, mostra que $d = (a, b)$.

■

Na demonstração do Teorema 1.12 mostramos não apenas que o máximo divisor comum de a e b pode ser expresso como uma combinação linear desses números, mas que este número é o menor valor positivo dentre todas estas combinações lineares. Vale ressaltar também que os valores de x e y não são únicos. Na verdade existe uma infinidade de pares de inteiros (x, y)

que satisfazem a identidade $ax + by = (a, b)$. Por exemplo, se k é um inteiro qualquer, e $ax + by = (a, b)$, então:

$$(x + kb) \cdot a + (y - ka) \cdot b = (a, b).$$

Proposição 1.1. *Para todo inteiro positivo t, $(ta, tb) = t(a, b)$.*

Demonstração: Pelo Teorema 1.12, (ta, tb) é o menor valor positivo de $m(ta) + n(tb) = t(ma + nb) = t(a, b)$ (m e n inteiros).

■

Proposição 1.2. *Dados $a, b \in \mathbb{Z}$, não nulos, tem-se que:*

$$\left(\frac{a}{(a,b)}, \frac{b}{(a,b)}\right) = 1.$$

Demonstração: Pela Proposição 1.1, temos que:

$$(a,b) \cdot \left(\frac{a}{(a,b)}, \frac{b}{(a,b)}\right) = \left((a,b)\frac{a}{(a,b)}, (a,b)\frac{b}{(a,b)}\right) = (a,b).$$

o que prova o resultado.

■

Teorema 1.13 (Gauss). *Sejam a, b e c números inteiros. Se $a \mid bc$ e $(a, b) = 1$, então $a \mid c$.*

Demonstração: Pelo Teorema 1.12, existem x e y inteiros tais que $ax + by = 1$. Multiplicando a equação anterior por c, temos: $acx + bcy = c$. Como $a \mid acx$ e $a \mid bcy$, podemos concluir que $a \mid c$.

■

Proposição 1.3. *Dois números inteiros a e b são coprimos se, e somente se, existem números inteiros m e n tais que $ma + nb = 1$.*

Demonstração: Suponha que a e b são coprimos. Logo, da Definição 1.3, temos que $(a, b) = 1$. Como, pelo Teorema 1.12, temos que existem inteiros m e n tais que $ma + nb = (a, b) = 1$, segue a primeira implicação da proposição.

Reciprocamente, suponha que existam números inteiros m e n tais que $ma + nb = 1$. Se $d = (a, b)$, temos que $d \mid (ma + nb)$, o que mostra que $d \mid 1$, e portanto, $d = 1$.

■

Mostraremos agora um importante resultado que facilitará o cálculo do máximo divisor comum em muitos casos.

Teorema 1.14. *Para a, b e x inteiros, temos $(a, b) = (a, b + ax)$.*

Demonstração: Sejam $d = (a, b)$ e $g = (a, b + ax)$. Pelo Teorema 1.12, existem inteiros n_0 e m_0 tais que $d = n_0 a + m_0 b$. Note que podemos reescrever a identidade anterior da seguinte forma: $d = an_0 - axm_0 + axm_0 + bm_0 = a(n_0 - xm_0) + (b + ax)m_0$. Concluímos assim que o máximo divisor g de a e $b + ax$ é um divisor de d. Tendo mostrado que $g \mid d$, resta-nos mostrar que $d \mid g$. Pelo Lema 1.1, item (i), $d \mid (b + ax)$ e, notadamente, todo divisor comum de a e de $b + ax$ é um divisor de g. Tendo assim provado que $d \mid g$, concluímos que $d = g$.

■

Teorema 1.15. *Se a e b são inteiros e $a = qb + r$, onde q e r são inteiros, então $(a, b) = (b, r)$.*

Demonstração: Suponhamos $x \mid b$ e $x \mid r$, então $x \mid a = qb + r$, já que é a uma combinação linear de b e r, (Lema 1.1, item ii)). Logo, x é um divisor comum de b e r implica que x é um divisor comum de a e b.

Reciprocamente, se $x \mid a$ e $x \mid b$, então existem $q_1, q_2 \in \mathbb{Z}$ tais que $a = q_1 x$ e $b = q_2 x$. Da relação

$$a = qb + r \implies r = a - qb = q_1 x - q_2 q x = x(q_1 - q_2 q),$$

de forma que $x \mid r$. Dessa forma, se x é um divisor comum de a e b, então x é um divisor comum de b e r.

Portanto, os divisores comuns de a e b são os mesmos que os divisores comuns de b e r e, consequentemente seus maiores divisores comuns são os mesmos.

■

Com o objetivo de facilitar o entendimento da demonstração do Algoritmo de Euclides, que consiste na aplicação reiterada do teorema acima, façamos um exemplo para encontrar $(1\,001, 120)$.

Exemplo 1.2. *Calcular* $(1\,001, 120)$.

Solução: Realizando as divisões sucessivas, temos:

$$\begin{aligned}
1\,001 &= 120 \times 8 + 41 \\
120 &= 41 \times 2 + 38 \\
41 &= 38 \times 1 + 3 \\
38 &= 3 \times 12 + 2 \\
3 &= 2 \times 1 + 1 \\
2 &= 1 \times 2 + 0
\end{aligned}$$

Assim, temos $(1\,001, 120) = (120, 41) = (41, 38) = (38, 3) = (3, 2) = (2, 1) = (1, 0) = 1$.

■

Exemplo 1.3 (IMO 1959). *Prove que a fração* $\dfrac{21n+4}{14n+3}$ *é irredutível para todo natural* n.

Solução: Esquematicamente, podemos fazer a seguinte divisão:

$$\begin{array}{r|l}
21n + 4 & 14n + 3 \\ \cline{2-2}
(7n + 1) & \quad 1
\end{array}$$

Daí, pelo Teorema 1.14, temos que:

$$(21n + 4, 14n + 3) = (14n + 3, 7n + 1).$$

Fazendo o mesmo para o máximo divisor comum entre as novas expressões algébricas, temos:

$$\begin{array}{r|l} 14n + 3 & 7n + 1 \\ \cline{2-2} (1) & \quad 2 \end{array}$$

Daí, temos que:

$$\begin{aligned} (21n + 4, 14n + 3) &= (14n + 3, 7n + 1) \\ &= (7n + 1, 1) \\ &= 1 \end{aligned}$$

Portanto, o $(21n + 4, 14n + 3) = 1$ e a fração dada é irredutível.

■

Teorema 1.16 (O Algoritmo de Euclides). *Sejam $r_0 = a$ e $r_1 = b$ inteiros não negativos com $b \neq 0$. Se o algoritmo da divisão for aplicado sucessivamente para se obter:*

$$r_j = q_{j+1}r_{j+1} + r_{j+2}, \quad 0 \leq r_{j+2} < r_{j+1}$$

para $j = 0, 1, 2, ..., n - 1$ e $r_{n+1} = 0$, então $(a, b) = r_n$, o último resto não nulo.

Demonstração: Vamos aplicar o Teorema 1.1 para dividir $r_0 = a$ por $r_1 = b$, obtendo $r_0 = q_1r_1 + r_2$, em seguida dividiremos r_1 por r_2, obtendo $r_1 = q_2r_2 + r_3$ e assim sucessivamente.

Temos, pois, a seguinte sequência de equações:

$$\begin{array}{ll} Passo\ 0 : r_0 = q_1r_1 + r_2 & \qquad 0 < r_2 < r_1 \\ Passo\ 1 : r_1 = q_2r_2 + r_3 & \qquad 0 < r_3 < r_2 \\ Passo\ 2 : r_2 = q_3r_3 + r_4 & \qquad 0 < r_4 < r_3 \\ \qquad\qquad \vdots & \end{array}$$

$$Passo\ n-2: r_{n-2} = q_{n-1}r_{n-1} + r_n \qquad 0 < r_n < r_{n-1}$$
$$Passo\ n-1: r_{n-1} = q_n r_n + 0.$$

Note que a execução do algoritmo realmente para após um número finito de passos, pois, desde que $r_1, r_2, \ldots$ são inteiros para os quais $r_1 > r_2 > r_3 > \cdots \geq 0$, deve existir um menor natural n tal que r_n é o último resto não nulo no processo das divisões acima.

■

1.9 Números primos

Definição 1.4. *Dizemos que um inteiro $p > 1$ é* ***primo*** *se seus únicos divisores positivos forem 1 e p. Um inteiro a que não é primo é dito* ***composto***.

Os primeiros números primos são: $2, 3, 5, 7, 11, 13, 17, 19, 23, 29, \ldots$

Importante observar que o conjunto dos números primos é infinito, o que provaremos em breve. Mas antes vamos provar o resultado abaixo:

Proposição 1.4. *Se $p \mid ab$, p primo, então $p \mid a$ ou $p \mid b$.*

Demonstração: Se $p \nmid a$, então $(a, p) = 1$ o que implica, pelo Teorema 1.13, $p \mid b$.

■

Teorema 1.17. *Todo inteiro $n > 1$ pode ser expresso, de forma única (a menos da ordem dos fatores), como o produto de um número finito de números primos, não necessariamente distintos:*

$$n = p_1 \cdots p_m$$

onde $m \geq 1$ é um inteiro positivo e $p_1 \leq \cdots \leq p_m$ são primos.

Demonstração: Vamos fazer a prova deste teorema utilizando indução sobre n. Se n, é um número primo, não há o que fazer, pois $p_1 = n$. Suponha, agora que todo inteiro k tal que $2 \leq k < n$ pode ser escrito como produto de um número finito de primos. Se n é composto, podemos escrever $n = ab$, $a, b \in \mathbb{N}, 1 < a < n, 1 < b < n$. Da hipótese de indução, a e b se decompõem como produto de primos. Ou seja, $a = p_1 \cdots p_t$, $b = q_1 \cdots q_l$, com $t, l \geq 1$ e p_s, q_j primos ($s = 1, 2, \ldots, t$ e $j = 1, 2, \ldots, l$). Logo,

$$n = ab = p_1 \cdots p_t q_1 \cdots q_l = \prod_{i=1}^{t+l} a_i$$

também é um produto de números primos e $a_i = p_s$ ou $a_i = q_j$.

Vamos agora provar a unicidade, também por indução. Para $n = 2$ a afirmação é verdadeira. Assumimos então que a unicidade se verifica para todos os inteiros k tais que $1 < k < n$. Vamos provar que ela também é verdadeira para n. Se n é primo, não há o que provar. Seja então n um inteiro positivo e composto. Suponha que n possui duas fatorações diferentes:

$$n = p_1 \cdots p_m = q_1 \cdots q_{m'},$$

com $p_1 \leq \cdots \leq p_m$, $q_1 \leq \cdots \leq q_{m'}$ e que n é o menor com tal propriedade. Como $p_1 \mid q_1 \cdots q_{m'}$, temos $p_1 \mid q_j$ para algum valor de j. Sem perda de generalidade podemos supor que $p_1 \mid q_1$. Como são ambos primos, isto implica que $p_1 = q_1$. Logo $n/p_1 = p_2 \cdots p_m = q_2 \cdots q_{m'}$. Como $1 < n/p_1 < n$, a hipótese de indução nos diz que as duas fatorações são idênticas, isto é, $m = m'$ e, a menos da ordem, as fatorações $n = p_1 \cdots p_m$ e $q_1 \cdots q_{m'}$, são iguais.

■

Teorema 1.18 (Teorema Fundamental da Aritmética). *Todo inteiro $n > 1$ pode ser escrito como produto de potências de primos distintos. Ademais, tal decomposição de n é única no seguinte sentido: se $n = p_1^{\alpha_1} \cdots p_k^{\alpha_k} = q_1^{\beta_1} \cdots q_l^{\beta_l}$, onde $p_1 < \cdots < p_k$ e $q_1 < \cdots < q_l$ são números primos e $\alpha_i, \beta_j \geq 1$ são inteiros, então $k = l$ e, para $1 \leq i \leq k, p_i = q_i$ e $\alpha_i = \beta_i$.*

Demonstração: De fato, podemos reescrever $n = p_1 \cdots p_m$ do teorema anterior juntando os fatores iguais de n, obtendo assim: $n = p_1^{\alpha_1} \cdots p_k^{\alpha_k}$, com p_i primos distintos dois a dois e $\alpha_i \in \mathbb{N}$.

Para a unicidade, suponha que o inteiro $n > 1$ admite duas decomposições, conforme escrevemos no enunciado do teorema. Como $p_1 \mid n$, temos que $p_1 \mid q_1^{\beta_1} \cdots q_l^{\beta_l}$, e, como todos os q_j são primos, então podemos garantir que $p_1 = q_j$. Por outro lado, como $q_1 \mid n$, temos que $q_1 \mid p_1^{\alpha_1} \cdots p_k^{\alpha_k}$ e, do mesmo modo, $q_1 = p_i$. Assim, $p_1 = q_j \geq q_1 = p_i \geq p_1$, donde segue que $p_1 = q_1$ e, daí,

$$n = p_1^{\alpha_1} \cdots p_k^{\alpha_k} = q_1^{\beta_1} \cdots q_l^{\beta_l}.$$

Provemos agora que $\alpha_1 = \beta_1$. Se $\alpha_1 < \beta_1$, então

$$p_2^{\alpha_2} \cdots p_k^{\alpha_k} = q_1^{\beta_1 - \alpha_1} q_2^{\beta_2} \cdots q_l^{\beta_l},$$

de modo que $p_1 \mid p_2^{\alpha_2} \cdots p_k^{\alpha_k}$. Contudo, usando o mesmo fato do parágrafo anterior, deveríamos ter $2 \leq i \leq k$ tal que $p_1 = p_i$, o que é um absurdo, já que os primos p_i são diferentes dois a dois. Analogamente, não podemos ter $\alpha_1 > \beta_1$. Logo, $\alpha_1 = \beta_1$ e segue que

$$p_2^{\alpha_2} \cdots p_k^{\alpha_k} = q_2^{\beta_2} \cdots q_l^{\beta_l}.$$

Utilizando o argumento acima repetidamente (note que deve haver uma indução nesta parte, a qual omitiremos a bem da clareza do texto), concluímos que $p_2 = q_2$ e $\alpha_2 = \beta_2$, $p_3 = q_3$ e $\alpha_3 = \beta_3$, etc. Ao final, se $k < l$, obteremos $1 = q_{k+1}^{\beta_{k+1}} \cdots q_l^{\beta_l}$, o que é claramente um absurdo; se $k > l$, obteremos $1 = p_{l+1}^{\alpha_{l+1}} \cdots p_k^{\alpha_k}$, outro absurdo. Logo, $k = l$.

■

A representação de um inteiro $n > 1$ como um produto de potências de primos distintos é sua **fatoração** ou **decomposição canônica** em fatores primos. Essa maneira de escrever números compostos é de grande valia para aplicar resultados sobre números inteiros.

Teorema 1.19. *A sequência dos números primos é infinita.*

Demonstração: Vamos supor, por absurdo, que a sequência dos números primos é finita, ou seja, $p_1, p_2, \ldots, p_n$ é a sequência de todos os números primos. Consideremos agora $R = p_1 p_2 \ldots p_n + 1$. Note que R não é divisível por nenhum dos p_i da lista de todos os primos e, ainda, é maior que qualquer p_i. Mas pelo teorema acima, ou R é primo ou possui algum fator primo e isto implica na existência de um primo que não pertence a lista que consideramos. Portanto a sequência dos números primos é infinita.

■

1.10 Divisores

Teorema 1.20. *Se $n = \prod_{i=1}^{r} p_i^{\alpha_i}$, o conjunto de divisores positivos de n é o conjunto de todos os números da forma:*

$$\prod_{i=1}^{r} p_i^{\theta_i}, \quad 0 \le \theta_i \le \alpha_i, \quad i = 1, 2, 3, \ldots, r.$$

Demonstração: Se $d > 1$ é divisor de n e p é um primo tal que $p \mid d$, então $p \mid n$, de forma que p é igual a um dos primos $p_1, \ldots, p_r$. Como isso vale para todo divisor primo de d, segue necessariamente que $d = p_1^{\theta_1} \cdots p_r^{\theta_r}$, com $\theta_i \ge 0$ para todo i. Agora, se $q \in \mathbb{N}$ é tal que $n = dq$, então:

$$p_1^{\theta_1} \cdots p_r^{\theta_r} q = p_1^{\alpha_1} \cdots p_r^{\alpha_r},$$

e parte da unicidade do teorema fundamental da aritmética permite concluir que $\theta_i \le \alpha_i$ para todo i.

■

Teorema 1.21. *Seja $n = p_1^{\alpha_1} \cdots p_m^{\alpha_m}$ a fatoração de n em potências de primos distintos p_i, então:*

1. *o número de divisores positivos de n, denotado por $d(n)$, pode ser calculado fazendo:*

$$d(n) = \prod_{i=1}^{m}(\alpha_i + 1)$$

2. *a soma dos divisores de n, denotada por $\sigma(n)$, pode ser calculada fazendo:*

$$\sigma(n) = \prod_{i=1}^{m}\frac{p_i^{\alpha_i+1} - 1}{p_i - 1}$$

Demonstração:

1. Para deduzir a fórmula da quantidade de divisores de n, basta utilizarmos um argumento combinatório. Sabemos que os divisores d de n podem ser escritos da seguinte forma: $p_1^{\beta_1} \cdots p_m^{\beta_m}$, onde $\beta_1, \ldots, \beta_m$ são inteiros com $0 \leq \beta_1 \leq \alpha_1, \ldots, 0 \leq \beta_m \leq \alpha_m$. Isto significa que os expoentes para cada p_i podem assumir os valores $0, 1, 2, 3, \ldots, \alpha_i$ na fatoração de d, dessa forma, para cada p_i temos $\alpha_i + 1$ possibilidades de expoentes (note que devemos contar com a possibilidade $\alpha_i = 0$). Assim, pelo Princípio Fundamental da Contagem, temos que a quantidade de divisores se dará pelo número de formas de combinar os possíveis valores dos expoentes α_i, e portanto,

$$d(n) = (\alpha_1 + 1)(\alpha_2 + 1) \cdots (\alpha_m + 1).$$

2. Considere os divisores d da mesma forma que tomamos no item 1. Cada divisor de n aparece exatamente uma vez no produto de somas dos termos abaixo:

$$(1 + p_1 + \cdots + p_1^{\alpha_m}) \cdots (1 + p_m + \cdots + p_m^{\alpha_m}).$$

Observe que as expressões dentro dos parênteses são somas de progressões geométricas finitas. Recorrendo a fórmula da soma dos termos dessas progressões, obtemos

$$(1 + p_1 + \cdots + p_1^{\alpha_m}) \cdots (1 + p_m + \cdots + p_m^{\alpha_m}) = \left(\frac{p_1^{\alpha_1+1} - 1}{p_1 - 1}\right) \cdots \left(\frac{p_m^{\alpha_m+1} - 1}{p_m - 1}\right)$$

■

1.11 O Mínimo Múltiplo Comum - M.M.C

Definição 1.5. *Dados inteiros não nulos $a_1, a_2, \ldots, a_n$ o **mínimo múltiplo comum** de $a_1, a_2, \ldots, a_n$, denotado por $[a_1, a_2, \ldots, a_n]$, é o menor de todos os múltiplos positivos comuns de $a_1, a_2, \ldots, a_n$.*

Teorema 1.22. *Sejam a e b inteiros positivos, então:*

$$(a, b) \cdot [a, b] = a \cdot b.$$

Demonstração: Seja $d = (a, b)$ e $a = a_1 d$, $b = b_1 d$ onde $a_1, b_1 \in \mathbb{Z}$ são tais que $(a_1, b_1) = 1$ (consequência da Proposição 1.2). Temos $[a, b] = al$ para algum $l \in \mathbb{Z}$. Além disso, $b \mid [a, b] \Leftrightarrow b_1 d \mid a_1 dl \Leftrightarrow b_1 \mid a_1 l$. Como $(a_1, b_1) = 1$, isto implica que $b_1 \mid l$, resultado do Teorema 1.13. Pela Definição 1.5, temos que l deve ser o mínimo número divisível por b_1, assim concluímos que $l = b_1$ e, portanto, $[a, b] = b_1 a$. Logo, $(a, b) \cdot [a, b] = d \cdot b_1 a = (b_1 d)a = a \cdot b$.

■

Teorema 1.23. *Sejam $a, b > 1$ inteiros positivos dados, com $a = p_1^{\alpha_1} \cdots p_k^{\alpha_k}$ e $b = p_1^{\beta_1} \cdots p_k^{\beta_k}$, onde $p_1 < \cdots < p_k$ são números primos e $\alpha_i, \beta_i \geq 0$ para $1 \leq i \leq k$. Então:*

$$(a, b) = \prod_{i=1}^{k} p_i^{\min\{\alpha_i, \beta_i\}} \qquad e \qquad [a, b] = \prod_{i=1}^{k} p_i^{\max\{\alpha_i, \beta_i\}}$$

Demonstração: Façamos primeiro o cálculo do (a, b). Como $\min\{\alpha_i, \beta_i\} \leq \alpha_i, \beta_i$ para todo i, temos que o número $d = (a, b) = \prod_{i=1}^{k} p_i^{\min\{\alpha_i, \beta_i\}}$ divide ambos a e b. Seja, agora, d' um divisor positivo qualquer de a e b. Observe que a decomposição de d' é da forma $d' = p_1^{\gamma_1} \cdots p_k^{\gamma_k}$, com $\gamma_i \geq 0$ para todo i. Isto ocorre necessariamente pois d' precisa ter os fatores primos tanto de a quanto de b, caso contrário d' não dividiria a ou b. Veja que $d' \mid a \Rightarrow \gamma_i \leq \alpha_i$ e $d' \mid b \Rightarrow \gamma_i \leq \beta_i$. Assim, para todo i, temos $\gamma_i \leq \min\{\alpha_i, \beta_i\}$, de modo que $d' \mid d$. Logo, $d = (a, b)$.

Agora faremos o cálculo do $[a, b]$. Como $\max\{\alpha_i, \beta_i\} \geq \alpha_i, \beta_i$ para todo i temos que o número $s = [a, b] = \prod_{i=1}^{k} p_i^{\max\{\alpha_i, \beta_i\}}$ é múltiplo de a e b.

Seja, agora, s' um múltiplo comum positivo qualquer de a e b. Observe que a decomposição de s' é, pelo menos, da forma $s' = p_1^{\theta_1} \cdots p_k^{\theta_k}$, com $\theta_i \geq 0$, para todo i. Isto ocorre pois s' precisa ter, no mínimo, todos os fatores de a e b, comuns ou não, e na maior quantidade. Notamos ainda que $a \mid s' \Rightarrow \alpha_i \leq \theta_i$ e $b \mid s' \Rightarrow \beta_i \leq \theta_i$. Assim, para todo i, temos $\max\{\alpha_i, \beta_i\} \leq \theta_i$, de modo que $s \mid s'$. Logo, $s = [a, b]$.

■

Para finalizar esse capítulo apresentaremos um resultado conhecido como **Fórmula de Legendre**, que permite encontrar a maior potência de um número primo p na fatoração de um inteiro da forma $n!$. Mas antes, precisamos de uma definição e uma proposição.

Definição 1.6. *Dados os inteiros a e b, com $b \neq 0$, chamamos de* ***parte inteira*** *ou* ***piso*** *do número $\frac{a}{b}$, que denotamos por $\left\lfloor \frac{a}{b} \right\rfloor$, o inteiro n tal que: $n \leq \frac{a}{b} < n + 1$.*

Notadamente, podemos entender o piso de um número como sendo o quociente da divisão de a por b. Agora, vamos enunciar uma proposição que servirá de suporte para provarmos a fórmula de Legendre.

Proposição 1.5. *Sejam a, b e c inteiros positivos. Temos que:*

$$\left\lfloor \frac{\left\lfloor \frac{a}{b} \right\rfloor}{c} \right\rfloor = \left\lfloor \frac{a}{bc} \right\rfloor.$$

Demonstração: Como observado acima, podemos entender o piso como sendo o quociente de uma divisão, então escrevamos:

$$q_1 = \left\lfloor \frac{a}{b} \right\rfloor \text{ e } q_2 = \left\lfloor \frac{\left\lfloor \frac{a}{b} \right\rfloor}{c} \right\rfloor.$$

Logo, $a = bq_1 + r_1$, com $0 \leq r_1 \leq b - 1$ e $\left\lfloor \frac{a}{b} \right\rfloor = q_1 = cq_2 + r_2$, com $0 \leq r_2 \leq c - 1$.

Substituindo a expressão do valor de q_1 em a, segue que:

$$a = bq_1 + r_1 = b(cq_2 + r_2) + r_1 = bcq_2 + br_2 + r_1.$$

Mas como r_1, r_2 e b são não negativos, podemos fazer:

$$0 \leq br_2 + r_1 \leq b(c-1) + b - 1 = bc - 1.$$

Desse modo, verificamos que $a = bcq_2 + br_2 + r_1 = bc(q_2) + \underbrace{br_2 + r_1}_{\leq (bc-1)}$ e, portanto q_2 é o quociente da divisão de a por bc, isto é, $q_2 = \left\lfloor \frac{a}{bc} \right\rfloor$.

■

Teorema 1.24 (Fórmula de Legendre). *Sejam $n > 1$ inteiro e p primo. Então a maior potência de p que divide $n!$ é p^α, onde:*

$$\alpha = \sum_{i \geq 1} \left\lfloor \frac{n}{p^i} \right\rfloor = \left\lfloor \frac{n}{p} \right\rfloor + \left\lfloor \frac{n}{p^2} \right\rfloor + \left\lfloor \frac{n}{p^3} \right\rfloor + \cdots$$

Demonstração: Antes de iniciarmos propriamente a demonstração deste teorema, observe que a expressão para o valor de α é uma soma finita, pois certamente existe um inteiro positivo r tal que $p^i > n$, $\forall\, i \geq r$, já que o conjunto dos inteiros positivos é ilimitado superiormente. Disto, segue que $\left\lfloor \frac{n}{p^i} \right\rfloor = 0$, se $i \geq r$.

Agora vamos demonstrar o resultado por indução forte sobre n. Evidentemente, a fórmula vale para $n = 2$ e, nesse caso, só podemos ter $p = 2$ e $k = 1$. Suponha que o resultado vale para qualquer inteiro positivo tal que $2 < m < n$. Sabemos que os múltiplos de p que estão entre 2 e n são:

$$p, 2p, 3p, \ldots, \left\lfloor \frac{n}{p} \right\rfloor p.$$

Assim concluímos que existem $\left\lfloor \frac{n}{p} \right\rfloor$ fatores de p^1 em $n!$. Agora, precisamos encontrar quantos fatores são divisíveis por p^i, com $i \geq 2$. Mas isso é o mesmo que determinar qual a maior potência de p que divide $\left\lfloor \frac{n}{p} \right\rfloor!$. Portanto,

$$\alpha = \left\lfloor \frac{n}{p} \right\rfloor + \sum_{i \geq 2} \left\lfloor \frac{\left\lfloor \frac{n}{p} \right\rfloor !}{p^i} \right\rfloor. \qquad \text{(I)}$$

Como $m = \lfloor \frac{n}{p} \rfloor < n$, podemos usar a hipótese de indução, obtendo:

$$\sum_{i \geq 2} \left\lfloor \frac{\lfloor \frac{n}{p} \rfloor !}{p^i} \right\rfloor = \left\lfloor \frac{\lfloor \frac{n}{p} \rfloor}{p} \right\rfloor + \left\lfloor \frac{\lfloor \frac{n}{p} \rfloor}{p^2} \right\rfloor + \left\lfloor \frac{\lfloor \frac{n}{p} \rfloor}{p^3} \right\rfloor + \cdots \quad \text{(II)}$$

Pela Proposição 1.5, por (I) e por (II), concluímos que:

$$\alpha = \left\lfloor \frac{n}{p} \right\rfloor + \left\lfloor \frac{n}{p^2} \right\rfloor + \left\lfloor \frac{n}{p^3} \right\rfloor + \left\lfloor \frac{n}{p^4} \right\rfloor + \cdots$$

■

CAPÍTULO 2

RESOLUÇÃO DE PROBLEMAS - PARTE 1

Neste capítulo nos concentraremos na resolução de problemas que envolvem os tópicos sobre divisibilidade abordados no capítulo anterior. A abordagem será a mais abrangente possível, desse modo utilizaremos, de uma só vez, várias técnicas de resolução e empregaremos, por vezes, mais de dois resultados em uma mesma resolução.

O objetivo a esta altura é oferecer uma coleção de problemas com técnicas mais sofisticadas de resolução, a fim de fornecer possíveis caminhos na solução de questões com um grau maior de dificuldade, na maior parte da vezes problemas de olimpíadas.

Importante ressaltar que as questões não necessariamente estão em grau crescente de dificuldade e todas apresentam apenas propostas de resolução, havendo, portanto, margem para outras perspectivas resolutivas.

Problema 2.1. *Se todos os números desde* 8 *até* $2\,005$ *forem divididos por* 7 *e a seguir adicionarmos os restos dessas divisões, obteremos um número inteiro. Determine qual será a soma dos algarismos desse número.*

Solução: Vamos dividir todos os números de 8 até 2 005 por 7. Mas antes observe que o resto dessas divisões é finito e limitado, ou seja, os restos só podem ser $0, 1, 2, 3, 4, 5$ ou 6. Observe o padrão dos restos nas divisões abaixo:

$$
\begin{array}{cccc}
8 = 1 \times 7 + 1 & 15 = 2 \times 7 + 1 & 22 = 3 \times 7 + 1 & \cdots \\
9 = 1 \times 7 + 2 & 16 = 2 \times 7 + 2 & 23 = 3 \times 7 + 2 & \cdots \\
10 = 1 \times 7 + 3 & 17 = 2 \times 7 + 3 & 24 = 3 \times 7 + 3 & \cdots \\
11 = 1 \times 7 + 4 & 18 = 2 \times 7 + 4 & 25 = 3 \times 7 + 4 & \cdots \\
12 = 1 \times 7 + 5 & 19 = 2 \times 7 + 5 & 26 = 3 \times 7 + 5 & \cdots \\
13 = 1 \times 7 + 6 & 20 = 2 \times 7 + 6 & 27 = 3 \times 7 + 6 & \cdots \\
14 = 1 \times 7 + 0 & 21 = 2 \times 7 + 0 & 28 = 3 \times 7 + 0 & \cdots
\end{array}
$$

e assim por diante. Notamos que os restos se repetem de 7 em 7, do resto igual a 1 até resto 0. Assim, a primeira coisa que precisamos fazer é identificar quantos grupos de 7 teremos. Para isso, bastar saber quantos números temos e dividir por 7, então $2005 - 8 + 1 = 1998$ números de 8 até 2005 e $1998 = 285 \times 7 + 3$. Isto significa que teremos 285 grupos de repetição dos restos e ainda vão sobrar três restos, neste caso os três últimos restos serão $1, 2$ e 3.

Agora precisamos somar os restos. Observe que se considerarmos qualquer grupo de repetição dos restos, teremos a seguinte soma: $1 + 2 + 3 + 4 + 5 + 6 + 0 = 21$. Como são 285 grupos, então $285 \times 21 = 5\,985$. Mas ainda temos três restos sobrando. Somando, teremos $5\,985 + 1 + 2 + 3 = 5\,991$.

Desse modo, a soma de todos os restos será igual a 5 991. Mas ainda não é isso que queremos. O enunciado pede a soma dos algarismos desse número. Logo, $5 + 9 + 9 + 1 = 24$.

Portanto, o número procurado é 24.

■

Problema 2.2. *Determine o produto dos divisores inteiros positivos de* $n = 420^4$.

Solução: Primeiro, devemos observar que $n = (2^2 \cdot 3 \cdot 5 \cdot 7)^4 = 2^8 \cdot 3^4 \cdot 5^4 \cdot 7^4$ e d é um divisor de n quando for escrito da forma $2^\alpha \cdot 3^\beta \cdot 5^\gamma \cdot 7^\theta$, onde $0 \leq \alpha \leq 8, 0 \leq \beta \leq 4, 0 \leq \gamma \leq 4$ e $0 \leq \theta \leq 4$ conforme vimos no Teorema 1.20. Portanto, há 9, 5, 5 e 5 possibilidades de valores para os expoentes α, β, γ e θ, respectivamente. Pelo Teorema 1.21, item 1, temos que n possui $9 \times 5 \times 5 \times 5 = 1\ 125$ divisores positivos. É importante observar que, se $d \neq 420^2$, então o número $d' = \frac{420^4}{d}$ também é um divisor. Podemos assim distribuir os 1 124 divisores de n (excluindo o 420^2) em 562 pares de divisores da forma $\{d, \frac{n}{d}\}$, onde $d \cdot d' = 420^4$. Portanto a resposta será

$$\underbrace{420^4 \times 420^4 \times \cdots \times 420^4}_{562 \text{ vezes}} \times 420^2 = 420^{562 \times 4} \times 420^2 = 420^{2\ 250}.$$

■

Problema 2.3 (OCM 1986). *Sejam x, y números reais quaisquer e n um número inteiro positivo também qualquer.*

a) Verifique:

$$x^n - y^n = (x - y)(x^{n-1} + x^{n-2}y + \cdots + xy^{n-2} + y^{n-1})$$

b) Use o item anterior para mostrar que:

$1^n + 8^n - 3^n - 6^n$ *é divisível por* 2 *e por* 5 *e, portanto, por* 10

Solução: a) Vamos provar o resultado por indução sobre n. Já comentamos sobre a importância desse método na resolução de muitas demonstrações e o usaremos agora para provar este resultado. Para $n = 1$ não há o que provar.

i) Para $n = 2$, temos que:

$$(x - y)(x^{2-1} + y^{2-1}) = (x - y)(x + y) = x^2 + xy - yx - y^2 = x^2 - y^2$$

ii) Suponha que a igualdade seja verdadeira para algum natural $k > 2$ (hipótese de indução), então

$$x^k - y^k = (x - y)(x^{k-1} + x^{k-2}y + \cdots + xy^{k-2} + y^{k-1}).$$

Queremos provar que o resultado também vale para $x^{k+1} - y^{k+1}$. Analisemos esta expressão:

$$\begin{aligned}
x^{k+1} - y^{k+1} &= x^k(x-y) + y(x^k - y^k) \\
&= x^k(x-y) + y(x-y)(x^{k-1} + x^{k-2}y + \cdots + xy^{k-2} + y^{k-1}) \\
&= x^k(x-y) + (x-y)(x^{k-1}y + x^{k-2}y^2 + \cdots + xy^{k-1} + y^k) \\
&= (x-y)(x^k + x^{k-1}y + x^{k-2}y^2 + \cdots + xy^{k-1} + y^k) \\
&= (x-y)(x^{(k+1)-1} + x^{(k+1)-2}y + x^{(k+1)-3}y^2 + \cdots + xy^{(k+1)-2} \\
&\quad + y^{(k+1)-1}).
\end{aligned}$$

Concluímos assim que o resultado também vale para $k+1$. Portanto,

$$x^n - y^n = (x-y)(x^{n-1} + x^{n-2}y + \cdots + xy^{n-2} + y^{n-1}).$$

b) Para fazer uso do item anterior, vamos reescrever a expressão que temos da seguinte forma:

$$1^n + 8^n - 3^n - 6^n = (8^n - 3^n) - (6^n - 1^n).$$

Por (a), podemos fazer:

$$\begin{aligned}
8^n - 3^n &= (8-3)\cdot(8^{n-1} + 8^{n-2}\cdot 3 + \cdots + 8\cdot 3^{n-2} + 3^{n-1}) \\
&= 5\cdot(8^{n-1} + 8^{n-2}\cdot 3 + \cdots + 8\cdot 3^{n-2} + 3^{n-1})
\end{aligned}$$

e, portanto, $8^n - 3^n$ é divisível por 5.

Por outro lado, também temos que:

$$\begin{aligned}
6^n - 1^n &= (6-1)\cdot(6^{n-1} + 6^{n-2}\cdot 1 + \cdots + 6\cdot 1^{n-2} + 1^{n-1}) \\
&= 5\cdot(6^{n-1} + 6^{n-2} + \cdots + 6 + 1)
\end{aligned}$$

e, portanto, $6^n - 1^n$ também é divisível por 5. Concluímos disto que $(8^n - 3^n) - (6^n - 1^n)$ é divisível por 5. Note ainda que os números $(8^n - 3^n)$ e $(6^n - 1^n)$ são ambos ímpares, pois em ambos os casos temos a diferença entre um número par e outro ímpar. Disto, segue que $(8^n - 3^n) - (6^n - 1^n)$ é par, sendo, portanto, divisível por 2. Deste modo, como a diferença é divisível por 2 e 5, concluímos que $10 \mid 1^n + 8^n - 3^n - 6^n$.

■

Problema 2.4. *(Clubes de Matemática da OBMEP) Calcular o resto da divisão de* $\sqrt{1\,111\,111\,111 - 22\,222}$ *por* 9.

Solução: Como já vimos na demonstração do Teorema 1.6, podemos escrever:

$$1\,111\,111\,111 = \frac{10^{10} - 1}{9} \quad \text{e} \quad 11\,111 = \frac{10^5 - 1}{9}.$$

Assim, podemos ter a seguinte sequência de igualdades:

$$\begin{aligned}
\sqrt{1\,111\,111\,111 - 22\,222} &= \sqrt{1\,111\,111\,111 - 2 \cdot (11\,111)} \\
&= \sqrt{\frac{10^{10} - 1}{9} - 2 \cdot \frac{10^5 - 1}{9}} \\
&= \sqrt{\frac{10^{10} - 1 - 2 \cdot 10^5 + 2}{9}} \\
&= \sqrt{\frac{(10^5 - 1)^2}{9}} = \frac{10^5 - 1}{3} \\
&= \frac{99\,999}{3} = 33\,333.
\end{aligned}$$

Agora fica bastante fácil, podemos simplesmente aplicar o algoritmo da divisão e verificar que $33\,333 = 9 \times 3\,703 + 6$. Assim, o resto da divisão da raiz em questão por 9 é 6.

■

Problema 2.5. *Escreve-se em ordem crescente os múltiplos positivos de* 3 *cujos respectivos sucessores imediatos são quadrados perfeitos. Qual é o* $2\,006^\circ$ *termo dessa sequência?*

Solução: Vamos começar lembrando que um número n é quadrado perfeito quando sua raiz quadrada é um inteiro positivo ou nulo, ou seja, todos os expoentes na fatoração canônica de n são pares.

Seja n um múltiplo positivo de 3, assim n pertence a sequência em questão se, e somente se existir um k inteiro positivo tal que $k^2 = n + 1$. Disto, podemos concluir que $k^2 - 1 = n \Rightarrow (k-1)(k+1) = n$. Como n é múltiplo de 3, devemos ter $3 \mid (k-1)$ ou $3 \mid (k+1)$. Portanto, $k = 3a-1$ ou $k = 3a+1$, para algum a inteiro positivo.

Já sabemos que o valor de n está associado aos valores de k, maiores ou iguais a 2, e vemos ainda que, quanto maior for o valor de k, maior será o valor de n, pois $n = k^2 - 1$. O que precisamos fazer agora é determinar qual valor de k determinará o 2 006° termo desta sequência.

Observe que, se formarmos ternos ordenados de números inteiros consecutivos a partir do 2, teremos sempre dois valores que não são múltiplos de 3 em cada terno. Vamos agora associar essa informação ao fato de que k é da forma $3a - 1$ ou $3a + 1$, com a um inteiro positivo. Assim:

$$\begin{array}{lll}
\text{Para} \quad a = 1 & \Rightarrow k = 2 \text{ ou } k = 4, & \text{do terno } (2, 3 = 3 \times 1, 4). \\
\text{Para} \quad a = 2 & \Rightarrow k = 5 \text{ ou } k = 7, & \text{do terno } (5, 6 = 3 \times 2, 7). \\
\text{Para} \quad a = 3 & \Rightarrow k = 8 \text{ ou } k = 10, & \text{do terno } (8, 9 = 3 \times 3, 10). \\
\text{Para} \quad a = 4 & \Rightarrow k = 11 \text{ ou } k = 13, & \text{do terno } (11, 12 = 3 \times 4, 13). \\
\quad\quad\quad \vdots & \quad\quad \vdots & \quad\quad\quad \vdots
\end{array}$$

Como já sabemos quais serão os valores de k, se chamarmos a sequência do enunciado de $a_1, a_2, a_3, \cdots, a_n, \cdots$, então:

$$\begin{array}{lll}
k = 2 & \Rightarrow & a_1 = 2^2 - 1 = 3. \\
k = 4 & \Rightarrow & a_2 = 4^2 - 1 = 15. \\
k = 5 & \Rightarrow & a_3 = 5^2 - 1 = 24. \\
k = 7 & \Rightarrow & a_4 = 7^2 - 1 = 48. \\
k = 8 & \Rightarrow & a_5 = 8^2 - 1 = 63.
\end{array}$$

$$\begin{aligned}
k = 10 \quad &\Rightarrow a_6 = 10^2 - 1 = 99.\\
k = 11 \quad &\Rightarrow a_7 = 11^2 - 1 = 120.\\
k = 13 \quad &\Rightarrow a_8 = 13^2 - 1 = 168.\\
\vdots \quad & \qquad\qquad \vdots
\end{aligned}$$

Dessa forma, o termo na posição $2\ 006^\circ$ está associado ao inteiro k também nessa posição. Resta-nos descobrir qual será esse inteiro.

Uma vez que $2\ 006 = 2 \times 1\ 003$ e que há dois possíveis valores de k em cada terno, observemos abaixo o $1\ 003^\circ$ terno da sequência, lembrando que a posição do terno é o próprio valor do a, conforme verificamos na decomposição do termo médio dos ternos.

$$(3 \times 1\ 003 - 1, 3 \times 1\ 003, 3 \times 1\ 003 + 1) = (3\ 008, 3\ 009, 3\ 010),$$

e, como o índice 2006 é um número par, então o valor de k que irá gerar o termo a_{2006} da sequência será o termo da direita no terno ordenado: $k = 3\ 010$.

Portanto, o termo na $2\ 006^\circ$ da sequência será: $n = 3\ 010^2 - 1 = 9\ 060\ 099$.

■

Problema 2.6 (OCM 1994). *Seja* $A = 777\ldots777$ *um número onde o dígito* "7" *aparece* $1\ 001$ *vezes. Determine o quociente e o resto da divisão de* A *por* $1\ 001$.

Solução: O que precisamos fazer é encontrar o quociente Q e o resto R na divisão de A por $1\ 001$. Isto significa que queremos encontrar Q e R satisfazendo:

$$A = 1\ 001Q + R.$$

A primeira coisa que devemos tentar fazer é encontrar um número formado apenas por dígitos 7 que seja divisível por $1\ 001$. Fazendo essa busca, observamos que o número $777\ 777$, com seis algarismos "7", é divisível por $1\ 001$, pois $777\ 777 = 1\ 001 \times 777$. Assim, todos os múltiplos de $777\ 777$

também são múltiplos de 1 001. Para compreender melhor o que vamos fazer posteriormente, vejamos abaixo alguns múltiplos de 777 777.

0) $777\,777 = 777\,777 \times 10^0$ (com 6 dígitos)

1) $777\,777\,777\,777 = 777\,777 \times 10^6 + 777\,777 \times 10^0$ (com 12 dígitos)

2) $777\,777\,777\,777\,777\,777 = 777\,777 \times 10^{12} + 777\,777 \times 10^6 + 777\,777 \times 10^0$ (com 18 dígitos)

$\vdots$

k) $\underbrace{777\,777 \ldots 777\,777}_{6(k+1)\text{ algarismos}} = 777\,777 \times 10^{6k} + 777\,777 \times 10^{6(k-1)} + \cdots + 777\,777 \times 10^6 + 777\,777 \times 10^0$

Utilizando a notação de somatório para abreviar a escrita dos números acima, temos:

0) $777\,777 = 777\,777 \times 10^0 = 777\,777 \times \sum_{i=0}^{0} 10^{6i}$

1) $777\,777\,777\,777 = 777\,777 \times 10^6 + 777\,777 \times 10^0 = 777\,777 \times (10^6 + 10^0) = 777\,777 \times \sum_{i=0}^{1} 10^{6i}$

2) $777\,777\,777\,777\,777\,777 = 777\,777 \times (10^{12} + 10^6 + 10^0) = 777\,777 \times \sum_{i=0}^{2} 10^{6i}$

$\vdots$

k) $\underbrace{777\,777 \ldots 777\,777}_{6(k+1)} = 777\,777 \times \sum_{i=0}^{k} 10^{6i}$

Conforme podemos observar, para qualquer número N formado apenas por algarismos " 7 ", se a quantidade de dígitos de N for múltiplo de 6, então N é múltiplo de 1 001. O número A em questão possui 1 001 dígitos. Fazendo a divisão de 1 001 por 6, podemos escrever

$$1\,001 = 6 \times \underbrace{166}_{k+1} + 5.$$

Note que usamos $k+1$ pois a primeira potência de 10 que acompanha o número 777 777 é 10^0, daí " $+1$" para incluir o grupo dessa primeira potência. Fazendo $k+1=166 \Rightarrow k=165$, obtemos um número com $6 \times 166 = 966$ algarismos repetidos iguais a " 7 ". Assim, a partir da sequência que fizemos antes do parágrafo anterior, para $k=165$, temos:

$$(165)\ \underbrace{777\,777\ldots 777\,777}_{996 \text{ algarismos}} = 777\,777 \times \sum_{i=0}^{165} 10^{6i}$$

Como queremos um número com 1 001 algarismos, multiplicamos a igualdade anterior por 10^5 e somamos o resultado a 77 777 para obter o número A. Assim, obtemos:

$$\underbrace{777\,777\ldots 777\,777}_{996 \text{ algarismos}} \times 10^5 + 77\,777 = 777\,777 \times \sum_{i=0}^{165} 10^{6i} \times 10^5 + 77\,777$$

Como $777\ldots 777 = 1\,001 \times 777$ e $77\,777 = 1\,001 + 700$, podemos substituir na expressão acima, obtendo:

$$A = \underbrace{777\,777\ldots 777\,777}_{1\,001 \text{ algarismos}} = 1\,001 \times 777 \times 10^5 \times \sum_{i=0}^{165} 10^{6i} + 1\,001 \times 77 + 700$$

Colocando o termo 1 001 em evidência, podemos escrever A na forma que desejamos:

$$A = 1\,001 \times \left(\underbrace{777 \times 10^5 \times \sum_{i=0}^{165} 10^{6i} + 77}_{Q} \right) + \underbrace{700}_{R}$$

Agora que temos o resto 700 e uma expressão para Q, precisamos estudar como escrevemos o número de Q. Para isso, precisamos avaliar o somatório

$\sum_{i=0}^{165} 10^{6i}$. Note que:

$$S = \sum_{i=0}^{165} 10^{6i} = 10^0 + 10^6 + 10^{12} + \cdots + 10^{984} + 10^{990} \Longrightarrow$$

$$S = \sum_{i=0}^{165} 10^{6i} = 1 + 1\,000\,000 + 1\,000\,000\,000\,000 + \cdots +$$

$$1\,\underbrace{000\ldots000}_{984 \text{ zeros}} + 1\,\underbrace{000\ldots000}_{990 \text{ zeros}} \Longrightarrow$$

$$S = \sum_{i=0}^{165} 10^{6i} = \underbrace{\underbrace{1\,000\,00}_{(\text{`1' e cinco `0'})}\ \underbrace{1\,000\,00}_{(\text{`1' e cinco `0'})} \ldots \underbrace{1\,000\,00}_{(\text{`1' e cinco `0'})}\ \underbrace{1\,000\,00}_{(\text{`1' e cinco `0'})}\ 1}_{991 \text{ algarismos}}$$

Multiplicando a igualdade acima por 777, temos:

$$777 \times S = 777 \times \underbrace{1\,000\,001\,000\,001\ldots1\,000\,001\,000\,001}_{991 \text{ algarismos}} \Longrightarrow$$

$$777 \times S = \underbrace{777\,000\,777\,000\,777\ldots777\,000\,777\,000\,777}_{993 \text{ algarismos}}$$

Multiplicando a igualdade anterior por 10^5, temos:

$$777 \times S \times 10^5 = \underbrace{777\,000\,777\,000\,777\ldots777\,000\,777\,000\,777}_{993 \text{ algarismos}} \times 10^5$$

$$777 \times 10^5 \times S = \underbrace{777\,000\,777\,000\,777\ldots777\,000\,777\,000\,777}_{993 \text{ algarismos}}\underbrace{00\,000}_{5 \text{ zeros}}$$

Finalmente, somando 77 a ambos os membros da igualdade, temos:

$$777 \times 10^5 \times S + 77 = \underbrace{777\,000\,777\,000\,777\ldots777\,000\,777\,000\,777}_{993 \text{ algarismos}}$$

$$\underbrace{00\,000}_{5\ zeros} + 77$$

$$777\times10^5\times S+77=\underbrace{777\ 000\ 777\ 000\ 777\ldots 77\ 700\ 077\ 700\ 077\ 700\ 077}_{998 \text{ algarismos}}$$

Assim, notamos claramente que o número Q, quociente procurado, é formado por 998 algarismos que segue o padrão periódico de "três algarismos 7 seguidos de três algarismos 0", com exceção do final do número que termina em apenas dois algarismos " 7 ".

Portanto, a resposta final é:

$$\begin{aligned} Q &= 1\ 001 \times \left(777 \times 10^5 \times \sum_{i=0}^{165} 10^{6i} + 77\right) \\ &= \underbrace{777\ 000\ 777\ 000\ 777\ldots 77\ 700\ 077\ 700\ 077\ 700\ 077}_{998 \text{ algarismos}} \end{aligned}$$

e $R = 700$.

■

Problema 2.7 (Rússia 2009). *Os denominadores de duas frações irredutíveis são 600 e 700. Encontre o menor valor possível do denominador da soma das duas frações.*

Solução: Suponhamos que as frações mencionadas são $\frac{a}{600}$ e $\frac{b}{700}$. Como elas são irredutíveis, isto significa que $(a, 600) = (b, 700) = 1$, ou ainda que a não tem fator comum com 600 e o mesmo ocorre para b e 700.

Adicionando as frações, obtemos:

$$\frac{a}{600} + \frac{b}{700} = \frac{7a + 6b}{4200} = \frac{7a + 6b}{2^3 \times 3 \times 5^2 \times 7}.$$

Observe que $(7a + 6b, 6) = (7a, 6) = 1$, pois a não tem fator comum com 2 e 3, já que a e 600 são primos entre si e $600 = 2 \times 3 \times 100$. Além disso, $(7a + 6b, 7) = (6b, 7) = 1$, pois b não tem fator comum com 7, já que b e 700 são primos entre si e $700 = 7 \times 100$.

Dessa forma, como $7a + 6b$ não pode ser múltiplo de 6 nem de 7, o único fator do denominador que possivelmente poderemos simplificar com o numerador é $5^2 = 25$.

Para uma possível simplificação, deveremos ter o numerador como múltiplo de 25, observando que a e b devem ser primos com 600 e 700, respectivamente. É fácil notar que, se $a = 1$ e $b = 3$ teremos $7a + 6b = 7 \times 1 + 6 \times 3 = 7 + 18 = 25$. Assim,

$$\frac{1}{600} + \frac{3}{700} = \frac{25}{4\,200} = \frac{1}{168}.$$

Concluímos, então, que o menor valor possível para o denominador nas restrições apresentadas é 168.

■

Problema 2.8. *Determine o resto da divisão de* $1^3 + 2^3 + 3^3 + 4^3 + \cdots + 2005^3$ *por* 7.

Solução: Para resolver este problema precisamos do resultado obtido no Teorema 1.3. Note que podemos reescrever toda a expressão do dividendo como sendo:

$$1 \cdot 1 \cdot 1 + 2 \cdot 2 \cdot 2 + 3 \cdot 3 \cdot 3 + \cdots + 2\,004 \cdot 2\,004 \cdot 2\,004 + 2\,005 \cdot 2\,005 \cdot 2\,005$$

Daí podemos encadear os dois resultados no Teorema 1.3 (o da adição e multiplicação), substituindo cada grupo das multiplicações por seu respectivo resto na divisão por 7.

Veja as igualdades abaixo:

$$\begin{aligned}
1^3 &= 1 \cdot 1 \cdot 1 = 1 = 7 \times 0 + 1 \\
2^3 &= 2 \cdot 2 \cdot 2 = 8 = 7 \times 1 + 1 \\
3^3 &= 3 \cdot 3 \cdot 3 = 27 = 7 \times 3 + 6 \\
4^3 &= 4 \cdot 4 \cdot 4 = 64 = 7 \times 9 + 1 \\
5^3 &= 5 \cdot 5 \cdot 5 = 125 = 7 \times 17 + 6
\end{aligned}$$

$$\begin{aligned} 6^3 &= 6 \cdot 6 \cdot 6 = 216 = 7 \times 30 + 6 \\ 7^3 &= 7 \cdot 7 \cdot 7 = 343 = 7 \times 49 + 0 \end{aligned}$$

Observe que 8^3 vai deixar o mesmo resto que 1^3, pois o resto da divisão de 8 por 7 é 1. Do mesmo modo, 9^3 vai deixar o mesmo resto que 2^3, pois o resto da divisão de 9 por 7 é 2 e assim sucessivamente. Portando, haverá uma repetição de restos a cada 7 termos. Como são 2 005 termos e $2\,005 = 286 \times 7 + 3$, temos que o grupo de restos $1, 1, 6, 1, 6, 6, 0$ vai se repetir 286 vezes e ainda teremos mais 3 termos, que deixarão os restos $1, 1, 6$, nessa ordem. Assim, analisar o resto que $1^3 + 2^3 + 3^3 + 4^3 + \cdots + 2005^3$ deixa quando dividido por 7 é o mesmo que analisar o resto que:

$$\underbrace{(1+1+6+1+6+6+0) + \cdots + (1+1+6+\cdots+0)}_{286 \text{ vezes o termo } (1+1+6+1+6+6+0)} + 1 + 1 + 6$$

deixa na divisão por 7.

Como $1+1+6+1+6+6+0 = 21$, temos que $286 \times 21 + 1 + 1 + 6 = 6\,006 + 8 = 6\,014 = 859 \times 7 + 3$.

Portanto, o resto da divisão de $1^3 + 2^3 + 3^3 + 4^3 + \cdots + 2005^3$ por 7 é igual a 3.

■

Problema 2.9. *Determine qual é a soma de todos os números inteiros positivos N tais que o resto da divisão de 2 005 por N seja igual a 7.*

Solução: Procurar os números N tais que a divisão de 2 005 por N tenha resto igual a 7 é o mesmo que procurar os inteiros positivos N que satisfazem:

$$2\,005 = QN + 7, \quad \text{onde Q é o quociente da divisão.}$$

De $2\,005 = QN + 7 \Rightarrow 1\,998 = QN$. Nosso problema se resume agora a encontrar dois inteiros tais que seu produto é igual a 1 998. Para verificarmos que valores N pode assumir e consequentemente Q, vamos encontrar a decomposição canônica de 1 998. Note, antes disso, que os valores de N e Q serão necessariamente divisores de 1 998.

Observe que $1\,998 = 2 \times 3^3 \times 37$ é a decomposição canônica de 1 998. Desse modo, vamos encontrar todos os seus divisores, os quais já sabemos a forma pelo Teorema 1.19.

Comecemos:

$$
\begin{array}{ll}
2^0 \times 3^0 \times 37^0 = 1 & 2^1 \times 3^0 \times 37^0 = 2 \\
2^0 \times 3^1 \times 37^0 = 3 & 2^1 \times 3^1 \times 37^0 = 6 \\
2^0 \times 3^2 \times 37^0 = 9 & 2^1 \times 3^2 \times 37^0 = 18 \\
2^0 \times 3^3 \times 37^0 = 27 & 2^1 \times 3^3 \times 37^0 = 54 \\
2^0 \times 3^0 \times 37^1 = 37 & 2^1 \times 3^0 \times 37^1 = 74 \\
2^0 \times 3^1 \times 37^1 = 111 & 2^1 \times 3^1 \times 37^1 = 222 \\
2^0 \times 3^2 \times 37^1 = 333 & 2^1 \times 3^2 \times 37^1 = 666 \\
2^0 \times 3^3 \times 37^1 = 999 & 2^1 \times 3^3 \times 37^1 = 1998
\end{array}
$$

Esses são todos os divisores positivos de 1 998. Contudo, observe que o resto da divisão de 2 005 por N é 7, então N não pode ser um número menor que 8, caso contrário o resto não poderia ser 7. Assim, o conjunto dos possíveis valores é

$$N = \{9, 18, 27, 37, 54, 74, 111, 222, 333, 666, 999, 1\,998\}.$$

Portanto, a soma procurada será:

$$9 + 18 + 27 + 37 + 54 + 74 + 111 + 222 + 333 + 666 + 999 + 1\,998 = 4\,548.$$

■

Problema 2.10. *Prove que* $3^{4^5} + 4^{5^6}$ *é um produto de dois inteiros, ambos maiores que* $10^{2\,002}$.

Solução: Para solucionar essa questão precisamos fazer algumas manipulações algébricas que ajudarão a mostrar o resultado. Primeiro, notemos que podemos reescrever a soma $3^{4^5} + 4^{5^6}$ sob a forma $m^4 + \frac{1}{4}n^4$, onde

$$m = 3^{4^4} \text{ e } n = 4^{\frac{5^6+1}{4}} = 2^{\frac{5^6+1}{2}}.$$

Vamos analisar agora o termo $m^4 + \frac{1}{4}n^4$ separadamente:

$$\begin{aligned} m^4 + \frac{1}{4}n^4 &= m^4 + m^2n^2 + \frac{1}{4}n^4 - m^2n^2 \\ &= \left(m^2 + \frac{1}{2}n^2\right)^2 - (mn)^2 \\ &= \underbrace{\left(m^2 + mn + \frac{1}{2}n^2\right)}_{\text{(I)}} \underbrace{\left(m^2 - mn + \frac{1}{2}n^2\right)}_{\text{(II)}} \end{aligned}$$

onde n é um número par. Isso nos garante que $\frac{n^2}{2}$ é um inteiro. Ou seja, as expressões algébricas em (I) e (II) são os inteiros procurados. Resta-nos provar se ambos são maiores que $10^{2\,002}$. Analisando o termo (II), podemos concluir a sequência de desigualdades:

$$\begin{aligned} m^2 - mn + \frac{1}{2}n^2 &= \left(m - \frac{1}{2}n\right)^2 + \frac{1}{4}n^2 \\ &> \frac{1}{4}n^2 = \frac{\left(2^{\frac{5^6+1}{2}}\right)^2}{4} = \frac{2^{5^6} \cdot 2}{2^2} = 2^{5^6-1} \\ &> 2^{10\,008} > \left(2^4\right)^{2\,002} > 10^{2\,002}. \end{aligned}$$

Note que o termo (I) é necessariamente maior que (II), pois $mn > 0$, assim já está automaticamente provado que (I) também é maior que $10^{2\,002}$.

■

Problema 2.11 (AIME 1987). *É dado que $[r, s]$ denota o menor múltiplo comum dos inteiros positivos r e s. Encontre o terno de números ordenados a, b, c tal que $[a, b] = 1000$, $[b, c] = 2000$, $[c, a] = 2000$.*

Solução: Para começar a solução deste problema, é necessário notar que $1\,000 = 2^3 \times 5^3$ e $2\,000 = 2^4 \times 5^3$. Pelo Teorema 1.23, sabemos que na decomposição canônica de a, b e c aparecem os mesmos fatores que no mínimo múltiplo comum. Daí, podemos escrever:

$$a = 2^{\alpha_1}5^{\alpha_2}, \; b = 2^{\beta_1}5^{\beta_2} \;\text{ e }\; c = 2^{\gamma_1}5^{\gamma_2}.$$

para $\alpha_i, \beta_j, \gamma_k$ inteiros não negativos e $1 \leq i, j, k \leq 2$.

Vamos analisar primeiro as potências de 2. Observe que α_1 e β_1 não podem ser maiores ou iguais a 4, pois $2^4 \nmid 1\,000 = [a, b]$. Por outro lado, a maior potência de 2 que divide $[b, c]$ e $[c, a]$ é $2^4 = 16$, já que $2\,000 = 16 \times 125$. Disto, concluímos que $\gamma_1 = 4$, já que esse expoente não pode ter vindo de β_1.

Como $2^3 \mid [a, b]$, devemos ter ao menos um dos expoentes α_1, β_1 iguais a 3. Portanto, podemos ter os seguintes ternos:

$$\begin{aligned}(\alpha_1, \beta_1, \gamma_1) = {} & (0, 3, 4), (1, 3, 4), (2, 3, 4), (3, 3, 4),\\ & (3, 2, 4), (3, 1, 4), (3, 0, 4).\end{aligned}$$

Assim, podemos escolher 7 ternos ordenados, cujas componentes são expoentes do 2 em a, b e c.

Agora, vejamos as possibilidades para as potências de 5. Note que a maior potência de 5 dividindo 1 000 e 2 000 é 5^3. Como essa potência aparece em todos os casos de mínimo múltiplo comum que temos, certamente algum par de expoentes dos fatores 5 na decomposição de a, b e c devem ser iguais a 3. Teremos, dessa forma, quatro possibilidades para os ternos de expoentes, conforme mostrado abaixo.

$$(\alpha_2, \beta_2, \gamma_2) = (3, 3, 3), (3, a, 3), (3, 3, a), (a, 3, 3).$$

Observamos que $a \in \mathbb{Z}$, com $0 \leq a < 3$ e, portanto, há 3 possibilidades para o valor de a em cada um dos ternos acima. Logo, teremos um total de $3 \times 3 + 1 = 10$ possibilidades para os ternos de expoentes de 5.

Como, para cada terno que escolhermos de 2, teremos 10 opções possíveis para ternos de 5, teremos um total de $7 \times 10 = 70$ ternos ordenados (a, b, c) com a condição exigida.

■

Problema 2.12 (OCS 2016). *Seja abcd um dos* 9 999 *números* $0001, 0002, 0003, \ldots, 9\,998, 9\,999$. *Dizemos que abcd é especial se* $ab - cd$ *e* $ab + cd$ *são quadrados perfeitos,* $ab - cd$ *divide* $ab + cd$*, e além disso* $ab + cd$ *divide abcd. Por exemplo,* 2 016 *é especial. Encontre todos os números abcd especiais.*

Solução: É importante deixar claro ao leitor que, os números ab e cd são numerais de dois algarismos, onde a, b, c e d não são fatores, mas sim dígitos desses números. Feito esse esclarecimento, prossigamos.

Considerando que $ab - cd$ e $ab - cd$ são quadrados perfeitos por hipótese, tomemos m e n inteiros tais que $ab - cd = m^2$ e $ab + cd = n^2$. Resolvendo o sistema:

$$\begin{cases} ab - cd = m^2, \\ ab + cd = n^2 \end{cases}$$

encontramos $ab = \frac{n^2+m^2}{2}$ e $cd = \frac{n^2-m^2}{2}$. Além disso $ab - cd \mid (ab + cd)$ e $ab + cd \mid abcd = 100ab + cd$, mas isso é o mesmo que $m^2 \mid n^2$ e $n^2 \mid 100\left(\frac{n^2+m^2}{2}\right) + \left(\frac{n^2-m^2}{2}\right)$.

Já que $m^2 \mid n^2$, então $n^2 = km^2$. Mas o valor no primeiro membro é um quadrado, então podemos escrever o segundo membro também como um quadrado. Assim, $k = t^2$ e, daí, $n^2 = t^2m^2 = (tm)^2$, donde $n = tm$. Como $n^2 \mid 100\left(\frac{n^2+m^2}{2}\right) + \left(\frac{n^2-m^2}{2}\right)$, substituindo o valor de n nessa expressão, concluímos que:

$$t^2m^2 \mid 50m^2(t^2+1) + m^2\left(\frac{t^2-1}{2}\right) \quad (*)$$

Se t é um inteiro par, então m também será par e, portanto, $\frac{m^2}{2}$ continua sendo inteiro. Desse modo, obtemos uma expressão equivalente a $(*)$ escrevendo:

$$2t^2\left(\frac{m^2}{2}\right) \mid 100\left(\frac{m^2}{2}\right)(t^2+1) + \left(\frac{m^2}{2}\right)(t^2-1).$$

Como o fator $\frac{m^2}{2}$ é comum neste caso, claramente podemos deduzir que $2t^2 \mid 100(t^2+1) + (t^2-1) = 101t^2 + 99$, mas isto é impossível, pois o termo $2t^2$ é par e $101t^2 + 99$ é ímpar (pois estamos somando um número par, recorde que supomos t par, com outro ímpar). Como um número par nunca será divisor de outro que seja ímpar, não podemos supor t par, assim, t é ímpar. Ainda por $(*)$, teremos:

$$t^2 \mid 50(t^2+1) + \left(\frac{t^2-1}{2}\right) \Rightarrow t^2 \mid 101t^2 + 99 \Rightarrow t^2 \mid 99.$$

Sabemos que $99 = 11 \times 3^2$, então só podemos ter $t = 1$ ou $t = 3$. Vamos analisar separadamente o que teremos para cada valor de t.

Já que $n = tm$, se $t = 1$, então $m = n$. Assim, $cd = \frac{n^2-m^2}{2} \Rightarrow cd = 0$. Portanto, $cd = 00$. Para o número ab, sendo $cd = 00$, segue que $ab = m^2$. Como ab é um número de dois algarismos notadamente positivo, temos que $m \in \{1, 2, 3, \ldots, 9\}$ e, consequentemente, $ab \in \{01, 04, 09, 16, \ldots, 64, 81\}$ (quadrados perfeitos menores que 100). Portanto, neste caso, há 9 números especiais e são eles:

$$abcd = 0100, 0400, 0900, 1600, 2500, 3600, 4900, 6400, 8100.$$

Por outro lado, se $t = 3$, então $n = 3m$. Daí, segue que $ab = \frac{n^2+m^2}{2} = \frac{9m^2+m^2}{2} = 5m^2$ e $cd = \frac{n^2-m^2}{2} = \frac{9m^2-m^2}{2} = 4m^2$. Como ab é um número de dois algarismos, devemos ter obrigatoriamente $ab = 5m^2 < 100$, donde segue que $m \leq 4$. Assim, para cada valor que m toma no conjunto $\{1, 2, 3, 4\}$, encontramos um número especial.

$$\text{Se } m = 1, \text{ então } \begin{cases} ab = 5 \times 1^2 = 5 = 05 \text{ e} \\ cd = 4 \times 1^2 = 4 = 04 \end{cases}. \text{ Daí, } abcd = 0504.$$

$$\text{Se } m = 2, \text{ então } \begin{cases} ab = 5 \times 2^2 = 20 \text{ e} \\ cd = 4 \times 2^2 = 16 \end{cases}. \text{ Daí, } abcd = 2016.$$

$$\text{Se } m = 3, \text{ então } \begin{cases} ab = 5 \times 3^2 = 45 \text{ e} \\ cd = 4 \times 3^2 = 36 \end{cases}. \text{ Daí, } abcd = 4536.$$

Se $m = 4$, então $\begin{cases} ab = 5 \times 4^2 = 80 \text{ e} \\ cd = 4 \times 4^2 = 64 \end{cases}$. Daí, $abcd = 8064$.

Portanto, há somente $9 + 4 = 13$ números especiais e eles já foram destacados na resolução do problema.

■

Problema 2.13. *Prove que todo número primo maior que* 3 *é da forma* $6k + 1$ *ou* $6k + 5$.

Solução: Este problema é relativamente simples, mas servirá de suporte para resolvermos o posterior. Para solucioná-lo basta observar que, de acordo com o algoritmo da divisão, todo número inteiro, inclusive os primos p, quando divididos por 6 só podem ser escritos nas formas: $6k$, $6k + 1$, $6k + 2$, $6k + 3$, $6k + 4$, $6k + 5$.

Analisemos agora caso a caso, como poderiam ser escritos os primos p (sendo $p > 3$):

- $p = 6k$, mas p seria múltiplo de 6, daí p não é primo.
- $p = 6k + 1$, pode ser primo, como por exemplo $13 = 6 \times 2 + 1$.
- $p = 6k + 2 \Rightarrow p = 2(3k + 1)$, mas p seria múltiplo de 2, daí p não é primo.
- $p = 6k + 3 \Rightarrow p = 3(2k + 1)$, mas p seria múltiplo de 3, daí p não é primo.
- $p = 6k + 4 \Rightarrow p = 2(3k + 2)$, mas p seria múltiplo de 2, daí p não é primo.
- $p = 6k + 5$, pode ser primo, como por exemplo $23 = 6 \times 3 + 5$.

Assim, concluímos que qualquer primo maior que 3, quando dividido por 6 só pode ser escrito como $6k + 1$ ou $6k + 5$.

■

Problema 2.14 (OCM 1987). *Determine o valor de* p*, maior que um, de modo que* p*,* $p + 2$ *e* $p + 4$ *sejam números primos positivos. Mostre que o valor de* p *é único.*

Solução: Pelo que vimos no problema anterior, se p for um primo maior que 3, então p é da forma $6k+1$ ou $6k+5$. Analisando cada uma das possibilidades para p, temos:

- Para $p = 6k + 1$: neste caso, temos que $p + 2 = 6k + 1 + 2 = 6k + 3 = 3(2k + 1)$. Assim, $p + 2$ seria composto, contradizendo o enunciado.
- Para $p = 6k + 5$: neste caso, temos que $p + 4 = 6k + 5 + 4 = 6k + 9 = 3(2k+3)$. Assim, $3 \mid p+4$ e, portanto, $p+4$ não seria primo, novamente contradizendo a hipótese.

Concluímos, então, que não existe um primo $p > 3$ tal que $p + 2$ e $p + 4$ também sejam primos.

Resta-nos analisar os casos para $p = 2$ e $p = 3$. Se $p = 2$, então $p+2, p+4$ são pares, e portanto compostos. Se $p = 3$, então $p + 2 = 3 + 2 = 5$ e $p + 4 = 3 + 4 = 7$, que são ambos números primos.

Logo, $p = 3$ é o único inteiro positivo maior que um satisfazendo o problema.

■

Problema 2.15. *Verifique se todas as afirmações abaixo são verdadeiras:*

1. *Se $a + 4b$ é divisível por 13, então $10a + b$ também o é.*
2. *Se $3a + 7b$ é divisível por 19, então $43a + 75b$ também o é.*
3. *Se $3a + 2b$ é divisível por 17, então $10a + b$ também o é.*
4. *Se $9a + 7b$ é divisível por 13, então $2a + 3b$ também o é.*
5. *Se $a + 3b$ é divisível por 7, então $13a + 11b$ também o é.*

Solução:

1. Se $13 \mid a + 4b$, então $13 \mid 3(a + 4b) = 3a + 12b$. Além disso, $13 \mid 13a + 13b$. Pelo Lema 1.1, item (i), podemos fazer

$$13 \mid 13a + 13b - (3a + 12b) = 10a + b.$$

Portanto, $13 \mid 10a + b$.

2. Se $19 \mid 3a + 7b$, então $19 \mid 27(3a + 7b) = (43a + 75b) + (38 + 114b)$. Por outro lado, $19 \mid 19(2a + 6b) = 38a + 114b$ e, novamente pelo Lema 1.1, item (i), temos:

$$19 \mid (43a + 75b) + (38a + 114b) - (38a + 114b) = 43a + 75b.$$

Portanto, $19 \mid 43a + 75b$.

3. Se $17 \mid 3a + 2b$, então $17 \mid 9(3a + 2b) = 27a + 18b = (10a + b) + 17(a + b)$. Podemos afirmar, portanto, que $17 \mid 10a + b$ pelo resultado do Teorema 1.3.

4. Sabemos que $13 \mid 13a + 13b$ e, pela hipótese, $13 \mid 9a + 7b$. Pelo Lema 1.1, item (i), podemos concluir que

$$13 \mid (13a + 13b) - (9a + 7b) = 4a + 6b = 2(2a + 3b).$$

Como $(13, 2) = 1$, segue que $13 \mid 2a + 3b$.

5. Se $7 \mid a + 3b$, então $7 \mid 13(a + 3b) = 13a + 39b = (13a + 11b) + 28b$. Como $7 \mid 28b$, devemos ter $7 \mid 13a + 11b$.

Dessa forma, concluímos que todas as afirmações são verdadeiras.

■

Problema 2.16 (IME 2000). *Considere quatro números inteiros a, b, c e d. Prove que o produto:*

$$(a - b)(c - a)(d - a)(d - c)(d - b)(c - b)$$

é divisível por 12.

Solução: Para facilitar a referência ao produto indicado no enunciado, denotaremos o produto como $q = (a-b)(c-a)(d-a)(d-c)(d-b)(c-b)$.

Na resolução deste problema utilizaremos o conceito de paridade de um número inteiro, ou seja, se determinado inteiro é par ou ímpar. Recorde que no critério de divisibilidade por 2 vimos que os números inteiros terminados em $0, 2, 4, 6$ e 8 são pares. Caso contrário, são ímpares. Além disso, note que $12 = 3 \times 4$, isto é, precisamos garantir que $3 \mid q$ e $4 \mid q$, uma vez que $(3,4) = 1$.

Vamos inicialmente dividir o problema em cinco casos, para verificar a divisibilidade por 4:

(I) a, b, c e d são inteiros pares. Nesse caso, a, b, c e d são da forma $2k_i$, com $k_i \in \mathbb{Z}$ e $i = 1, 2, 3, 4$. Daí, segue que $2k_m - 2k_n = 2(k_m - k_n)$. Isto significa que todas as diferenças nos fatores de q são pares, e como temos seis diferenças pares, podemos garantir que q é múltiplo de 4.

(II) três deles são pares e um é ímpar. Sem perda de generalidade, suponhamos que a, b, c são pares e d é ímpar. Disto, podemos concluir que os fatores $(a-b)$, $(c-b)$ e $(c-a)$ são pares, o que garante a divisibilidade por quatro, já que temos três fatores pares. Note que, se a, b ou c, apenas um deles, fosse ímpar e os demais pares, seria totalmente análogo.

(III) dois deles são pares e dois são ímpares. Sem perda de generalidade, suponhamos que a e b são pares, c e d são ímpares. Já sabemos que a diferença entre dois pares é um número par. O mesmo ocorre para dois números ímpares. De fato, se $c = 2k_1 + 1$ e $d = 2k_2 + 1$, então $d - c = (2k_2 + 1) - (2k_1 + 1) = 2k_2 - 2k_1 = 2(k_2 - k_1)$. Desse modo, temos que os fatores $(a-b)$ e $(d-c)$ são ambos pares e podemos garantir que q continua sendo divisível por 4. Como no caso anterior, poderíamos supor outro par de inteiros ímpares ou pares que teríamos o mesmo resultado.

(IV) três deles são ímpares e um é par. Do mesmo modo que já procedemos, suponha que a, b, c são ímpares e d é par. No item anterior vimos que a diferença entre dois ímpares é par, então os fatores $(a - b)$ e $(c - a)$ são ambos pares, o que novamente garante que $4 \mid q$.

(V) a, b, c e d são inteiros ímpares. Como no item (I) deste problema, temos seis fatores pares, já que a diferença de dois ímpares quaisquer é sempre par. Assim, q continua sendo múltiplo de 4.

Provamos que, em qualquer situação, $4 \mid q$. Mas ainda precisamos provar que $3 \mid q$ para chegar à conclusão de que $12 \mid q$, para quaisquer inteiros a, b, c e d.

Da divisão euclidiana, temos que, todo número quando dividido por 3, só pode deixar $0, 1$ ou 2 como resto. Assim, podemos expressar qualquer inteiro n como sendo: $n = 3k$, $n = 3q + 1$ ou $n = 3t + 2$. Observe que, em nosso problema, temos quatro números inteiros e, portanto, teremos pelo menos dois deles escritos em algumas das três expressões para n na divisão por 3. Como nos fatores em q cada inteiro aparece uma vez na diferença com cada um dos outros três inteiros, podemos garantir que teremos no mínimo uma diferença entre números que são escritos da mesma forma na divisão por 3. Vejamos os três casos:

(i) Suponha, sem perda de generalidade, que $a = 3k_0$ e $b = 3k_1$. Disto, temos: $(a - b) = 3k_0 - 3k_1 = 3(k_0 - k_1)$.

Portanto, $3 \mid q$.

(ii) Suponhamos agora que $c = 3q_0 + 1$ e $d = 3q_1 + 1$. Daí,

$$(d - c) = (3q_1 + 1) - (3q_0 + 1) = 3(q_1 - q_0).$$

Portanto, $3 \mid q$.

(ii) Por último, seja $a = 3t_0 + 2$ e $c = 3t_1 + 2$. Daí,

$$(c - a) = (3t_1 + 2) - (3t_0 + 2) = 3(t_1 - t_0).$$

Portanto, $3 \mid q$.

Não deixe de observar que poderíamos ter combinado de outras formas os pares de inteiros escolhidos dentre os quatro que temos, mas obteríamos o mesmo resultado. E como em todos os casos $3 \mid q$ e $4 \mid q$, podemos concluir que $12 \mid q$, para quaisquer inteiros a, b, c e d.

■

Problema 2.17 (IMO 1998). *Determine todos os pares ordenados (x, y) de inteiros positivos tais que $x^2y + x + y$ é divisível por $xy^2 + y + 7$.*

Solução: A primeira coisa que verificamos é que o grau dos polinômios do divisor e do múltiplo são ambos iguais a 3. Utilizando uma combinação linear apropriada (vimos esse resultado no Lema 1.1, item i), vamos tentar reduzir o grau do múltiplo. Assim, sabemos que

$$xy^2 + y + 7 \mid x^2y + x + y \text{ e } xy^2 + y + 7 \mid xy^2 + y + 7.$$

Mas isto implica que:

$$xy^2+y+7 \mid (x^2y+x+y)y+(xy^2+y+7)\cdot(-x) \Leftrightarrow xy^2+y+7 \mid y^2-7x.$$

Assim, conseguimos encontrar um múltiplo com grau menor que o divisor. Agora, pela Limitação do Lema 1.1, temos que

$$xy^2 + y + 7 \mid y^2 - 7x \Rightarrow xy^2 + y + 7 \leq |y^2 - 7x| \text{ ou } y^2 - 7 = 0$$

Temos assim três casos para analisar:

(i) Se $y^2 - 7x = 0$, é fácil notar que, para termos soluções inteiras, $x = 7k^2$ e $y = 7k$ com k inteiro positivo. Assim, os pares ordenados $(7k^2, 7k)$ formam uma família de soluções.

(ii) Se $y^2 - 7x > 0 \Rightarrow |y^2 - 7x| = y^2 - 7x$. Note que neste caso não há soluções, pois se $x \geq 1$ e $y + 7 > 0$ (pois por hipótese devemos ter x, y inteiros positivos). Desse modo, observe que $xy^2+y+7 > y^2 > y^2-7x$. Um absurdo, pois contraria a propriedade da limitação.

(iii) Se $y^2 - 7x < 0 \Rightarrow |y^2 - 7x| = 7x - y^2$. Disto, obtemos que

$$\begin{aligned} xy^2 + y + 7 < |y^2 - 7x| &\Rightarrow xy^2 + y + 7 < 7x - y^2 \\ &\Rightarrow y^2 + y + 7 < 7x - xy^2 \\ &\Rightarrow y^2 + y + 7 < (7 - y^2)x \end{aligned}$$

Para que o termo $(7-y^2)x$ seja positivo (já que é maior que uma expressão certamente positiva), devemos ter $7 - y^2 > 0$. Donde concluímos que $y = 1$ ou $y = 2$.

Agora vamos analisar quais os possíveis valores de x para $y = 1$ e $y = 2$. Se $y = 1$, substituindo o valor de y em $xy^2 + y + 7 \mid 7x - y^2$, temos $x + 8 \mid 7x - 1 \Rightarrow x + 8 \mid 7x - 1 - 7(x + 8) \Leftrightarrow x + 8 \mid 57 \Rightarrow x = 11$ ou $x = 49$. Assim, os pares ordenados $(11, 1)$ e $(49, 1)$ são ambos soluções. Agora, se $y = 2$ e fazendo a mesma substituição, temos $4x+9 \mid 7x-4 \Rightarrow 4x+9 \mid -4(7x-4)+7(4x+9) \Leftrightarrow 4x+9 \mid 79$. É fácil notar que não existe inteiro positivo tal que seu quádruplo aumentado de nove seja igual a setenta e nove.

Assim, as soluções para este problema são os pares ordenados $(11, 1)$, $(49, 1)$ e $(7k^2, 7k)$, com k inteiro positivo.

■

Problema 2.18 (IMO 1992). *Encontre todos os inteiros positivos a, b, c, com $1 < a < b < c$ tais que $abc - 1$ é múltiplo de $(a - 1)(b - 1)(c - 1)$.*

Solução: Com o intuito de simplificar a solução deste problema, vamos fazer uma mudança de variável apropriada para nosso caso. Sejam $m = a - 1, n = b - 1$ e $p = c - 1$. Dá hipótese, segue imediatamente que $0 < a - 1 < b - 1 < c - 1$, isto é, $0 < m < n < p$. Assim, queremos saber os inteiros positivos m, n, p tais que

$$mnp \mid (m+1)(n+1)(p+1) - 1 \Rightarrow mnp \mid mnp + mn + np + mp + m + n + p.$$

Como $mnp \mid mnp$, podemos ignorar o termo mnp da implicação anterior e devemos ter, portanto, que $mnp \mid mn + np + mp + m + n + p$ (*).

Para o próximo passo, precisamos notar que (pelo fato de $p > 1$ por hipótese):

$$\begin{aligned} m < p &\Rightarrow mn < np \\ m < n &\Rightarrow mp < np \\ m < n &\Rightarrow m < np \\ n &< np \\ p &< np \end{aligned}$$

Utilizando agora a desigualdade do Lema 1.1, item (ii), e encadeando todas as desigualdades acima, obtemos:

$$mnp \leq mn + np + mp + m + n + p < \underbrace{np + \cdots + np}_{\text{6 parcelas}} = 6np$$
$$\Rightarrow mnp < 6np \Rightarrow m \leq 5.$$

Note que deveríamos ter concluído que $m < 6$, mas como m é inteiro, escrevemos $m \leq 5$. Daí teríamos cinco possíveis valores para m. Mas ainda podemos esmiuçar a análise para obtermos menos casos. Vejamos, $0 < m < n < p \Leftrightarrow 1 \leq m \leq n - 1 \leq p - 2$ (I). Podemos obter essa nova sequência de desigualdades pois estamos trabalhando com números inteiros. Com isso, façamos com que apareça o termo np, temos:

$$\begin{aligned} mnp &\leq mn + np + mp + m + n + p \\ &\leq (p-2)n + np + (n-1)p + m + n + p \\ &= 3np + m - n \end{aligned}$$

Observe, como consequência de (I), que

$$3np + m - n \leq 3np + n - 1 - n = 3np - 1 < 3np,$$

logo:

$$mnp < 3np \Leftrightarrow m < 3,$$

ou seja, $m = 1$ ou $m = 2$. Assim, temos somente dois casos para analisar.

- Para $m = 1$, substituindo em (*), temos: $np \mid n + np + p + 1 + n + p \Leftrightarrow np \mid 2(n+p)+1$. Note que desconsideramos o termo np, já que $np \mid np$. Novamente, pela limitação e por (I), temos:

$$\begin{aligned} np &\leq 2n + 2p + 1 \\ &\leq 2(p-1) + 2p + 1 = 4p - 1 \\ &< 4p \end{aligned}$$

Disto, concluímos que $np < 4p \Rightarrow n \leq 3$. Logo, para $m = 1$, podemos ter $n = 2$ ou $n = 3$. Se $n = 2$, teríamos $2p \mid 2p + 5$, que é impossível, pois $2p \nmid 5$ para qualquer p inteiro. Se $n = 3$, teríamos $3p \mid 2p + 7 \Rightarrow \exists\, k \in \mathbb{Z}$ tal que $3pk = 2p + 7$ e, com $k = 1$ teremos $p = 7$ (Observe que não poderíamos ter outro inteiro para o valor de k). De fato, $3 \times 7 \mid 2 \times 7 + 7$ e $(m, n, p) = (1, 3, 7) \Leftrightarrow (a, b, c) = (2, 4, 8)$. Recorde que fizemos a substituição de variável no início desta resolução.

- Para $m = 2$, e fazendo o mesmo que no item anterior, temos: $2np \mid 2n + np + 2p + 2 + n + p \Rightarrow np \mid 3n + 3p + 2$ (II) (Note que excluímos o 2 para retirar o termo np, mas isso não afeta nossa implicação). Com isso,

$$\begin{aligned} np \leq 3n + 3p + 2 \leq 3(p-1) + 3p + 2 = 6p - 1 \\ \Rightarrow np \leq 6p - 1 \Rightarrow n \leq 5. \end{aligned}$$

Além disso, temos por (II) que $2 \mid np + n + p \Leftrightarrow 2 \mid (n+1)(p+1) - 1$, o que significa que n e p são ambos pares, caso contrário a implicação anterior não seria verdadeira. Logo, como $2 = m < n \leq 5$, a única opção que resta para o valor de n é termos $n = 4$. Substituindo o valor de n em (II), teríamos $8p \mid 7p + 14 \Rightarrow \exists\, t \in \mathbb{Z}$ tal que $8pt = 7p + 14$, e de modo análogo ao que fizemos anteriormente, cabendo a mesma observação, para $t = 1$ temos $p = 14$. Testando, vemos que $8 \times 14 \mid 7 \times 14 + 14$ e $(m, n, p) = (2, 4, 14) \Leftrightarrow (a, b, c) = (3, 5, 15)$ é a outra solução.

Assim, as únicas soluções são $(2,4,8)$ e $(3,5,15)$.

■

Problema 2.19 (IMO 1969). *Prove que existem infinitos números naturais a com a seguinte propriedade: o número $z = n^4 + a$ não é primo para qualquer número natural n.*

Solução: Seja $a = 4m^4$, com m é um número natural maior que 1. Assim, nós podemos escrever $z = n^4 + 4m^4 = (n^2)^2 + (2m^2)^2 = (n^2 + 2m^2)^2 - (2mn)^2$. Aplicando agora a diferença de quadrados obteremos: $z = \underbrace{(n^2 + 2m^2 - 2mn)}_{r}\underbrace{(n^2 + 2m^2 + 2mn)}_{s}$.

Evidentemente $s > r$, pois m, n são ambos naturais. Mas como $(n^2 + 2m^2 - 2mn) = (n-m)^2 + m^2 \geq m^2 > 1$, segue que z é escrito como produto de dois naturais maiores que 1 e, portanto, z será composto. Notadamente, há infinitos $z = n^4 + a$, uma vez que, para cada valor de m obteremos um novo valor para o natural a.

■

Problema 2.20 (Russia 2001). *Sejam a e b inteiros positivos distintos tais que $ab(a+b)$ é divisível por $a^2 + ab + b^2$. Prove que $|a - b| > \sqrt[3]{ab}$.*

Solução: Vamos tomar o máximo divisor comum entre a e b. Se $d = (a, b)$, então podemos escrever $a = dx$ e $b = dy$, com $(x, y) = 1$. Como $ab(a+b)$ é divisível por $a^2 + ab + b^2$, temos que:

$$\begin{aligned}\frac{ab(a+b)}{a^2+ab+b^2} &= \frac{(dx)(dy)(dx+dy)}{(dx)^2+(dx)(dy)+(dy)^2}\\ &= \frac{d^3xy(x+y)}{d^2(x^2+xy+y^2)}\\ &= \frac{xy(x+y)d}{(x^2+xy+y^2)} \quad (*)\end{aligned}$$

é um inteiro. Vamos verificar qual dos fatores no numerador pode ser simplificado com o denominador. Para isso, utilizando o Teorema 1.14, verificamos que $(x^2 + xy + y^2, x) = (x, x^2 + xy + y^2 - x(x + y)) = (x, y^2) = 1$. De modo inteiramente análogo, temos que $(x^2 + xy + y^2, y) = (x^2, y) = 1$. Além disso, como $(x, x + y) = (x, y) = 1$, concluímos que

$$(x^2 + xy + y^2, x + y) = (x + y, x^2 + xy + y^2 - x(x + y)) = (x + y, y^2) = 1.$$

Desse modo, para que $(*)$ seja um inteiro, devemos ter necessariamente $x^2 + xy + y^2 \mid d$. Mas, pela propriedade da "Limitação", temos que $d \geq x^2 + xy + y^2$. Portanto:

$$\begin{aligned} |a - b|^3 &= |d(x - y)|^3 = d^2|x - y|^3 \cdot d \\ &\geq d^2 \cdot 1 \cdot (x^2 + xy + y^2) \\ &> d^2xy = ab. \end{aligned}$$

Observe que $|x - y|$ é um inteiro maior ou igual a 1 pois x, y são inteiros distintos.

Daí, segue necessariamente que $|a - b| > \sqrt[3]{ab}$.

■

Problema 2.21. *Prove que a equação $2^n + 1 = q^3$ não admite soluções para inteiros positivos n e q.*

Solução: Inspecionando os menores valores possíveis para n, especificamente $n = 1, 2, 3$, notamos que não existem inteiros q tais que $2^1 + 1 = q^3$, $2^2 + 1 = q^3$ e $2^3 + 1 = q^3$. Veja que $2^n + 1 = q^3 \Rightarrow 2^n = q^3 - 1 \Rightarrow 2^n = (q - 1)(q^2 + q + 1)$. Disto, podemos concluir que $q - 1 \mid 2^n$ e daí podemos ter $q = 2$ ou $q = 2k + 1$, para algum k inteiro positivo.

Se $q = 2$, então temos que verificar se $2^n + 1 = 2^3 = 8$ possui solução inteira, o que não ocorre. Por outro lado, se $q = 2k + 1$, então $2^n = (q - 1)(q^2 + q + 1) = (2k)(4k^2 + 4k + 1 + 2k + 2) = 8k^3 + 12k^2 + 6k$. Podemos ainda escrever a expressão para 2^n da seguinte forma

$$8k^3 + 12k^2 + 6k = \underbrace{2k}_{\text{par}} \underbrace{(4k^2 + 6k + 3)}_{\text{ímpar}} = 2^n, \forall\, k \in \mathbb{N}.$$

Assim, deveríamos ter 2^n decomposto como produto entre um inteiro par e outro ímpar, contudo uma potência de 2 nunca possui um fator ímpar maior que 1 em sua fatoração. Assim, concluímos que $2^n + 1 = q^3$ não admite soluções para inteiros positivos.

■

Problema 2.22. *Encontre todos os inteiros n tais que $n!$ termina exatamente com* 1 000 *zeros.*

Solução:

Para resolvermos este problema, recorreremos à fórmula de Legendre. Verificar quais números terminam com 1 000 zeros em nosso caso, é o mesmo que determinar qual a maior potência de 10 que divide $n!$. Contudo, 10 não é número primo, o que inviabilizaria a aplicação da fórmula, mas como $10 = 2 \times 5$ e há muito mais fatores iguais a 2 que iguais a 5 em $n!$, para todo n inteiro positivo, basta analisar qual a maior potência de 5 que divide $n!$, dentro da condição exigida. Logo, teremos que resolver a equação:

$$\left\lfloor \frac{n}{5} \right\rfloor + \left\lfloor \frac{n}{5^2} \right\rfloor + \cdots = 1\,000. \; (*)$$

Mas, pela Definição 1.6, podemos facilmente concluir que:

$$\begin{aligned} 1\,000 = \left\lfloor \frac{n}{5} \right\rfloor + \left\lfloor \frac{n}{5^2} \right\rfloor + \left\lfloor \frac{n}{5^3} \right\rfloor + \cdots &< \frac{n}{5} + \frac{n}{5^2} + \frac{n}{5^3} + \cdots \\ &= \frac{n}{5} \underbrace{\left(1 + \frac{1}{5} + \frac{1}{25} + \cdots\right)}_{\text{soma da PG infinita}} \\ &= \frac{n}{5} \cdot \frac{1}{1 - \frac{1}{5}} = \frac{n}{4} \end{aligned}$$

Observe que, para simplificar a expressão entre parênteses, utilizamos a fórmula para calcular a soma de infinitos termos de uma progressão geométrica de razão entre 0 e 1.

Pelo que fizemos, concluímos que $1\ 000 < \frac{n}{4} \Rightarrow n > 4\ 000$. Ou seja, o menor número possível que podemos cogitar para n é $4\ 001$, onde a maior potência de 5 para qual $\left\lfloor \dfrac{4001}{5^t} \right\rfloor \geq 1$ é 5^5 e isso ocorrerá até o número $15\ 624$. Além disso, sabemos que é verdadeira a inequação $\lfloor k \rfloor > k - 1$ para qualquer k fracionário e, por $(*)$, chegamos a:

$$\begin{aligned}
1\ 000 &> \left(\frac{n}{5} - 1\right) + \left(\frac{n}{5^2} - 1\right) + \left(\frac{n}{5^3} - 1\right) + \left(\frac{n}{5^4} - 1\right) + \left(\frac{n}{5^5} - 1\right) \\
&= \frac{n}{5}\left(1 + \frac{1}{5} + \frac{1}{5^2} + \frac{1}{5^3} + \frac{1}{5^4}\right) - 5 \\
&= \frac{n}{5} \cdot \frac{1 - \left(\frac{1}{5}\right)^5}{1 - \frac{1}{5}} - 5 \\
&= \left(n \cdot \frac{3124}{3125} - 20\right) \div 4
\end{aligned}$$

Fazendo as manipulações aritméticas necessárias, chegamos a seguinte sequência de desigualdades:

$$n < \frac{4020 \cdot 3125}{3124} < 4022.$$

Dessa forma, conseguimos restringir o valor de n ao conjunto de números $\{4001, 4002, \ldots, 4021\}$. Utilizando a fórmula de Legendre, observamos que o primeiro número a gozar da propriedade exigida é $4\ 005$, pois:

$$\left\lfloor \frac{4005}{5} \right\rfloor + \left\lfloor \frac{4005}{25} \right\rfloor + \left\lfloor \frac{4005}{125} \right\rfloor + \left\lfloor \frac{4005}{625} \right\rfloor + \left\lfloor \frac{4005}{3125} \right\rfloor$$

$$\begin{array}{ccccccccc}
\downarrow & & \downarrow & & \downarrow & & \downarrow & & \downarrow \\
801 & + & 160 & + & 32 & + & 6 & + & 1 = 1\ 000
\end{array}$$

Teremos o mesmo para n igual a $4006, 4007, 4008$ e 4009. Portanto, os números n tais que $n!$ termina exatamente com $1\ 000$ zeros são os inteiros $4005, 4006, 4007, 4008$ e 4009.

■

Problema 2.23 (IMO 1979). *Sejam p, q números naturais primos entre si tais que:*

$$\frac{p}{q} = 1 - \frac{1}{2} + \frac{1}{3} - \frac{1}{4} + \cdots - \frac{1}{1318} + \frac{1}{1319}.$$

Prove que p é divisível por 1979.

Solução: Denotaremos a expressão do valor de $\frac{p}{q}$ por S. Para concluir o resultado desejado, precisamos fazer algumas manipulações algébricas na expressão do valor de S. Desse modo, temos a seguinte sequência de igualdades:

$$\begin{aligned}
S &= 1 - \frac{1}{2} + \frac{1}{3} - \frac{1}{4} + \cdots - \frac{1}{1318} + \frac{1}{1319}\\
&= 1 - \frac{1}{2} + \frac{2}{2} + \frac{1}{3} - \frac{1}{4} + \frac{2}{4} + \cdots - \frac{1}{1318} + \frac{2}{1318} + \frac{1}{1319}\\
&\quad - \left(\frac{2}{2} + \frac{2}{4} + \frac{2}{6} + \cdots + \frac{2}{1318}\right)\\
&= 1 + \frac{1}{2} + \frac{1}{3} + \frac{1}{4} + \cdots + \frac{1}{1318} + \frac{1}{1319} - 2\left(\frac{1}{2} + \frac{1}{4} + \frac{1}{6} + \cdots + \frac{1}{1318}\right)\\
&= 1 + \frac{1}{2} + \frac{1}{3} + \frac{1}{4} + \cdots + \frac{1}{1318} + \frac{1}{1319} - \left(1 + \frac{1}{2} + \frac{1}{3} + \cdots + \frac{1}{659}\right)\\
&= \frac{1}{660} + \frac{1}{661} + \frac{1}{662} + \cdots + \frac{1}{1318} + \frac{1}{1319}\\
&= \left(\frac{1}{660} + \frac{1}{1319}\right) + \left(\frac{1}{661} + \frac{1}{1318}\right) + \cdots + \left(\frac{1}{989} + \frac{1}{990}\right)\\
&= \sum_{i=660}^{989} \frac{1}{i} + \frac{1}{1979 - i} = \sum_{i=660}^{989} \frac{1979}{i \cdot (1979 - i)}
\end{aligned}$$

Agora é importante notar que 1979 é um número primo, pois apenas 1 e ele próprio o dividem. Com isso, podemos afirmar que todas as frações da soma, cujo numerador sempre será igual a 1979, são irredutíveis, já que os fatores i e $(1979 - i)$ não são divisores de 1979. Portanto, quando S é colocado na forma $\frac{p}{q}$, o numerador p dessa fração necessariamente será um múltiplo de 1979.

■

CAPÍTULO 3

CONGRUÊNCIAS MÓDULO M

3.1 Aspectos, definições e propriedades

Neste capítulo abordaremos sobre uma importante relação dentro da teoria dos números: inteiros congruentes módulo m. Esta teoria é de fundamental importância para compreender e demonstrar resultados mais sofisticados, que veremos posteriormente.

Definição 3.1. *Sejam a, b e m inteiros dados, sendo $n > 1$. Dizemos que a é* ***congruente*** *a b módulo m, e denotamos $a \equiv b$ (mod m), se $n \mid (a-b)$, ou, em outras palavras, se existe k inteiro tal que $km = a - b$. Se $m \nmid (a-b)$ dizemos que a é incongruente a b módulo m, e denotamos por $a \not\equiv b$ (mod m).*

De acordo com a definição acima, podemos escrever alguns exemplos, a fim de deixar o leitor familiarizado com a definição:

(a) $10 \equiv 4 \pmod 2$, pois $2 \mid (10 - 4)$.

(b) $-4 \equiv 10 \pmod 7$, pois $7 \mid (-4 - 10)$.

(c) $5 \equiv -1 \pmod 6$, pois $6 \times 1 = 5 - (-1)$.

(d) $k \equiv -4k \pmod 5$, pois $5 \times k = k - (-4k)$.

(e) $2 \not\equiv 5 \pmod 2$, pois $2 \nmid (2 - 5)$.

(f) $15 \not\equiv -4 \pmod 9$, pois $9 \nmid (15 - (-4))$.

Definição 3.2. *Se g, h e m são inteiros com $g \equiv h \pmod m$, dizemos que h é um **resíduo** de g módulo m.*

Para nossa abordagem, é muito importante termos a noção de que, se $a \equiv b \pmod m$, podemos entender b como sendo o resto da divisão de a por m, desde que $0 \leq b < m$.

Vamos observar o que ocorre com os inteiros módulo 6, por exemplo:

$$\begin{aligned} 6k &\equiv 0 \pmod 6 \quad , \quad & 6k+3 &\equiv 3 \pmod 6 \\ 6k+1 &\equiv 1 \pmod 6 \quad , \quad & 6k+4 &\equiv 4 \pmod 6 \\ 6k+2 &\equiv 2 \pmod 6 \quad , \quad & 6k+5 &\equiv 5 \pmod 6 \end{aligned}$$

De fato, todo número inteiro n pode ser escrito da forma $n = 6k + r$, com r inteiro e $0 \leq r \leq 5$.

Assim, a sequência

$$\ldots, -8, -7, -6, -5, -4, -3, -2, -1, 0, 1, 2, 3, 4, 5, 6, 7, 8, \ldots$$

dos números inteiros é igual, módulo 6, à sequência

$$\ldots, 4, 5, 0, 1, 2, 3, 4, 5, 0, 1, 2, 3, 4, 5, 0, 1, 2, \ldots$$

e vemos que todo inteiro é congruente, módulo 6, ao resto de sua divisão por 6. Generalizando, teremos o resultado a seguir.

Proposição 3.1. *Sejam a e m inteiros dados, com $n > 1$.*

(i) Se a deixa resto r na divisão por m, então $a \equiv r \pmod m$. Em particular, todo inteiro é congruente, módulo m, a exatamente um dos números $0, 1, 2, \ldots, n-2, n-1$.

(ii) $a \equiv b \pmod{m} \Leftrightarrow a$ *e* b *deixam o mesmo resto na divisão por* m.

Demonstração:

(i) Suponha que a deixa resto r quando dividido por m. Pelo algoritmo da divisão, podemos escrever $a = qm+r$, para algum q inteiro e $0 \leq r < q$. Isto implica que $a - r = qm$, ou seja, $m \mid a - r$. Mas isso é o mesmo que $a \equiv r \pmod{m}$. O resto r já ganhamos do algoritmo da divisão, pois se r é inteiro e está compreendido entre 0 e q, podendo ser igual a 0, temos que r é um dos inteiros $0,\ 1,\ 2, \ldots,\ n-2,\ n-1$.

(ii) Suponhamos que $a \equiv b \pmod{m}$. Então, por definição: $a - b = km$, com $k \in \mathbb{Z}$. Seja r o resto da divisão de b por m; então, pelo algoritmo da divisão: $b = mq + r$, onde $0 \leq r < m$.

Segue das identidades anteriores:

$$a = km + b = km + mq + r = (k+q)m + r$$

e isto significa que r é o resto da divisão de a por m, isto é, a e b deixam o mesmo resto r na divisão por m.

Reciprocamente, temos agora que a e b deixam o mesmo resto r na divisão por m. Então, novamente pelo algoritmo da divisão, temos:

$$a = mq_1 + r \ \text{ e } \ b = mq_2 + r, \quad \text{onde } \ 0 \leq r < m.$$

Fazendo a diferença entre a e b, segue que:

$$a - b = (q_1 - q_2)m \Rightarrow m \mid (a-b) \Rightarrow a \equiv b \pmod{m}.$$

■

Proposição 3.2. *Dados inteiros* a, b, c *e* m, *sendo* $m > 1$, *temos:*

(i) (Reflexividade) $a \equiv b$ *(mod* m*).*

(ii) (Simetria) $a \equiv b$ *(mod* m*)* $\Rightarrow b \equiv a$ *(mod* m*).*

(iii) (Transitividade) $a \equiv b \pmod{m}$ *e* $b \equiv c \pmod{m} \Rightarrow a \equiv c \pmod{m}$.

Demonstração:

(i) Como $m \mid 0$, então $m \mid (a - a)$, e isto significa, por definição, que $a \equiv a \pmod{m}$.

(ii) Se $a \equiv b \pmod{m}$, então existe k inteiro tal que $km = a - b$. Logo, $b - a = (-k)m$, o que implica que $b \equiv a \pmod{m}$.

(iii) Se $a \equiv b \pmod{m}$ e $b \equiv c \pmod{m}$, então $m \mid (a - b)$ e $m \mid (b - c)$. Pelo Lema 1.1, item i., podemos garantir que $m \mid (a-b)+(b-c) = a-c$. Mas isso é o mesmo que escrever $a \equiv c \pmod{m}$.

Proposição 3.3. *Sejam* a, b, c, d, m *e* n *inteiros dados, com* $m, n > 1$.

(i) $a \equiv b \pmod{m} \Leftrightarrow a + c \equiv b + c \pmod{m}$.

(ii) $a \equiv b \pmod{m} \Leftrightarrow a - c \equiv b - c \pmod{m}$.

(iii) Se $a \equiv b \pmod{m}$ *e* $c \equiv d \pmod{m}$, *então* $a + c \equiv b + d \pmod{m}$ *e* $a - c \equiv b - d \pmod{m}$.

(iv) Se $a \equiv b \pmod{m}$ *e* $c \equiv d \pmod{m}$, *então* $ac \equiv bd \pmod{m}$, *em particular,* $ac \equiv bc \pmod{m}$.

(v) Se $a \equiv b \pmod{m}$, *então* $a^k \equiv b^k \pmod{m}$, *para todo* k *inteiro positivo.*

(vi) Se $a \equiv b \pmod{m}$, *então* $(a, m) = (b, m)$.

(vii) Se $ac \equiv bc \pmod{m}$ *e* $(c, m) = d$, *então* $a \equiv b \pmod{\frac{m}{d}}$. *Em particular, se* $(c, m) = 1$, *então* $a \equiv b \pmod{m}$.

(viii) Se $a \equiv b \pmod{m}$ *e* a, b *e* c *são todos divisíveis por um inteiro positivo* d, *então* $\frac{a}{d} \equiv \frac{b}{d} \pmod{\frac{m}{d}}$.

(ix) Se $a \equiv b \pmod{m}$ *e se* $c > 1$, *então* $ac \equiv bc \pmod{cm}$.

(x) *Se* $a \equiv b \pmod{mn}$*, então* $a \equiv b \pmod{m}$ *e* $a \equiv b \pmod{n}$*.*

(xi) *Se* $a \equiv b \pmod{m}$ *e* $n \mid m$*, então* $a \equiv b \pmod{n}$*.*

(xii) $a \equiv b \pmod{m_i}, \forall\, i = 1, \ldots, r \iff a \equiv b \pmod{[m_1, \ldots, m_r]}$.

Demonstração:

(i) Como $a \equiv b \pmod{m}$, temos que $a - b = km$. Como $a - b = (a + c) - (b + c)$, isto implica que $km = (a + c) - (b + c)$, isto é o mesmo que $a + c \equiv b + c \pmod{m}$.

Reciprocamente, se $a+c \equiv b+c \pmod{m}$, então $m \mid (a+c)-(b+c) = a - b$, o que podemos reescrever como $a \equiv b \pmod{m}$.

(ii) Como $a \equiv b \pmod{m}$, temos que $a - b = tm$. Como $a - b = (a-c)-(b-c)$, isto implica que $tm = (a-c)-(b-c)$, isto é o mesmo que $a-c \equiv b-c \pmod{m}$. Reciprocamente, se $a-c \equiv b-c \pmod{m}$, então $m \mid (a - c) - (b - c) = a - b$, o que podemos reescrever como $a \equiv b \pmod{m}$.

(iii) Se $a \equiv b \pmod{m}$ e $c \equiv d \pmod{m}$, então $m \mid (a - b)$ e $m \mid (c - d)$. Do Lema 1.1, item i., segue que $m \mid (a-b)+(c-d) = (a+c)-(b+d)$, mas isto é o mesmo que $a + c \equiv b + d \pmod{m}$.

(iv) Se $a \equiv b \pmod{m}$ e $c \equiv d \pmod{m}$, então segue que $a - b = qm \Rightarrow a = b + qm$ e $c - d = pm \Rightarrow c = d + pm$, com q e p inteiros. Portanto:

$$\begin{aligned} ac - bd &= (b + qm)(d + pm) - bd \\ &= bd + bpm + dqm + qpm^2 - bd \\ &= \underbrace{(bp + dq + qpm)}_{k}\, m = km, \end{aligned}$$

o que implica em $ac \equiv bd \pmod{m}$.

Em particular, por reflexividade, $c \equiv c \pmod{m}$ e, se $a \equiv b \pmod{m}$, implica, pelo resultado já demonstrado nesse item, que $ac \equiv bc \pmod{m}$.

(v) Faremos esse item utilizando indução matemática sobre k. Note primeiro que a proposição é verdadeira para $k = 1$, pois $a^1 \equiv b^1 \pmod{m} \Rightarrow a \equiv b \pmod{m}$, o que de fato acorre por hipótese. Suponhamos agora que a congruência ocorra para algum inteiro positivo p, temos:

$$a^p \equiv b^p \pmod{m}.$$

Mas como $a \equiv b \pmod{m}$ por hipótese, pelo item anterior, segue que:

$$a^p \cdot a \equiv b^p \cdot b \pmod{m} \Rightarrow a^{p+1} \equiv b^{p+1} \pmod{m},$$

isto é, a proposição é verdadeira para o inteiro positivo $p + 1$. Logo, a proposição é verdadeira para todo inteiro positivo k.

(vi) Como $a \equiv b \pmod{m}$, segue que $a = b + mq$, com $q \in \mathbb{Z}$. Queremos provar que:

$$(a, m) = (b + mq, m) = (b, m),$$

mas isso é imediato, a partir do Teorema 1.14.

(vii) Sejam $m = dq_1$ e $c = dq_2$, com $(q_1, q_2) = 1$. Como $ac \equiv bc \pmod{m}$, segue que $dq_1 \mid [a(dq_2) - b(dq_2)] = [dq_2(a - b)]$ ou, ainda, que $q_1 \mid q_2(a - b)$. Mas como $(q_1, q_2) = 1$, segue do Teorema 1.12 que $q_1 \mid (a - b)$. Ou seja, $a \equiv b \pmod{q_1}$, como $q_1 = \frac{m}{d}$, então $a \equiv b \pmod{\frac{m}{d}}$.

O caso particular é consequência imediata pois, se $(c, m) = 1$, temos que $\frac{m}{1} = m$, já que, neste caso, $d = 1$ e daí o resultado segue. O mais importante nesta consideração do caso particular é a demonstração de que será permitido "cancelar" fatores de ambos os membros de uma congruência desde que sejam coprimos com o módulo.

(viii) Com efeito,

$$\begin{aligned} a \equiv b \pmod{m} &\Rightarrow a - b = km, \text{ com } k \in \mathbb{Z} \\ &\Rightarrow \frac{a}{d} - \frac{b}{d} = k\left(\frac{m}{d}\right) \\ &\left(\text{os números } \frac{a}{d}, \frac{b}{d} \text{ e } \frac{m}{d} \text{ são inteiros pois } d \text{ divide } a, b \text{ e } c.\right) \\ &\Rightarrow \frac{a}{d} \equiv \frac{b}{d} \left(\bmod \frac{m}{d}\right). \end{aligned}$$

(ix) Com efeito:

$$\begin{aligned} a \equiv b \pmod{m} &\Longrightarrow a - b = km \Longrightarrow ac - bc = k(cm) \\ &\Longrightarrow ac \equiv bc \pmod{cm} \end{aligned}$$

(x) Se $a \equiv b \pmod{mn}$, então $mn \mid (a-b)$ e, daí, $m \mid (a-b)$. Mas isso é equivalente a $a \equiv b \pmod{m}$. De modo inteiramente análogo, $a \equiv b \pmod{n}$.

(xi) Se $a \equiv b \pmod{m}$, então $m \mid b - a$. Como $n \mid m$, $b - a$ também será múltiplo de n e, assim, escrevemos $n \mid b - a$. Mas isso é o mesmo que $a \equiv b \pmod{n}$.

(xii) Seja p_k o maior primo que aparece nas fatorações dos inteiros m_i. Podemos assim, escrever:

$$m_i = \prod_{j=1}^{k} p_j^{\alpha_{ji}} = p_1^{\alpha_{1i}} \cdots p_k^{\alpha_{ki}}$$

(alguns α_{ji} podem ser nulos, o que depende do fator m_i).

Como $m_i \mid (a-b)$, para todo $i = 1, \ldots, r$, temos que:

$$p_j^{\alpha_{ji}} \mid (a-b), i = 1, \ldots, r, j = 1, \ldots, k.$$

Tomemos então $\alpha_j = \underbrace{\max\{\alpha_{ji}\}}_{1\leq i\leq r}$, teremos:

$$p_1^{\alpha_1} \cdot p_2^{\alpha_2} \cdots p_k^{\alpha_k} \mid (a-b).$$

Mas,

$$p_1^{\alpha_1} \cdot p_2^{\alpha_2} \cdots p_k^{\alpha_k} = [m_1, m_2, \ldots, m_k],$$

o que implica $a \equiv b \pmod{[m_1, \ldots, m_r]}$.

Reciprocamente, se $a \equiv b \pmod{[m_1, \ldots, m_r]}$, então

$$[m_1, \ldots, m_r] \mid (a-b).$$

Mas, $m_i \mid [m_1, \ldots, m_r]$, para todo $i = 1, \ldots, r$. Assim, pelo item anterior, temos que $a \equiv b \pmod{m_i}$.

■

Antes de darmos prosseguimento, é de importância relevante salientar que os resíduos negativos de uma congruência muitas vezes ajudam na resolução de problemas difíceis e, por isso, manipulam-se muitas congruências utilizando este fato. Vamos verificar a proposição abaixo, a fim de inspecionar quais são os possíveis valores dos resíduos de um inteiro a módulo m, considerando agora resíduos negativos.

Proposição 3.4. *Seja $m > 1$ um inteiro. Então:*

(i) se $m = 2k$, todo inteiro é congruente, módulo m, a um dos números

$$0, \pm 1, \pm 2, \ldots, \pm(k-1), k.$$

(ii) se $m = 2k+1$, todo inteiro é congruente, módulo m, a um dos números

$$0, \pm 1, \pm 2, \ldots, \pm(k-1), \pm k.$$

Demonstração:

(i) Seja a um inteiro qualquer, tal que $a \equiv b \pmod{m}$, isto é, $a \equiv b \pmod{2k}$. Assim, devemos analisar quais são os possíveis valores do resíduo b. Se b for positivo, podemos entender b como o resto da divisão de a por m. Assim os possíveis restos, pelo algoritmo da divisão, só podem ser $0, 1, 2, \ldots, k-1, k, k+1, \ldots, 2k-1$. Vamos analisar agora a quem são congruentes os restos $k+1, k+2, \ldots, 2k-1$. Vejamos:

$$\begin{aligned}
k &\equiv k \pmod{2k} \\
k+1 &\equiv -(k-1) \pmod{2k} \\
k+2 &\equiv -(k-2) \pmod{2k} \\
k+3 &\equiv -(k-3) \pmod{2k} \\
&\vdots \\
k+(k-2) &\equiv -2 \pmod{2k} \\
2k-1 &\equiv -1 \pmod{2k}
\end{aligned}$$

Assim, é fácil observar que as congruências acima são verdadeiras fazendo a diferença entre os membros da congruência. Portanto, quando m é par, os possíveis restos são $0, \pm1, \pm2, \ldots, \pm(k-1), k$.

(ii) Do mesmo modo, seja a inteiro, tal que $a \equiv b \pmod{2k+1}$. Pelo algoritmo da divisão, os possíveis restos são $0,\ 1,\ 2, \ldots, k-1, k, k+1, \ldots, 2k$. Novamente, analisemos a congruência que podemos obter a partir dos restos $k, k+1, k+2, \ldots, 2k$.

$$\begin{aligned}
k &\equiv k \pmod{2k+1} \\
k+1 &\equiv -(k) \pmod{2k+1} \\
k+2 &\equiv -(k-1) \pmod{2k+1} \\
k+3 &\equiv -(k-2) \pmod{2k+1} \\
&\vdots
\end{aligned}$$

$$\begin{aligned} k + (k-2) &\equiv -3 \pmod{2k+1} \\ 2k - 1 &\equiv -2 \pmod{2k+1} \\ 2k &\equiv -1 \pmod{2k+1} \end{aligned}$$

Portanto, quando m é ímpar, os possíveis restos são $0, \pm 1, \pm 2, \ldots, \pm(k-1), \pm k$.

■

Proposição 3.5. *Para todo $a \in \mathbb{Z}$, temos:*

(i) $a^2 \equiv 0$ *ou* 1 $(mod\ 4)$.

(ii) $a^2 \equiv 0, 1$ *ou* 4 $(mod\ 8)$.

(iii) $a^4 \equiv 0$ *ou* 1 $(mod\ 16)$.

Demonstração:

(i) Sabemos que $a \equiv 0, \pm 1$ ou $2 \pmod 4$, de modo que $a^2 \equiv 0^2, (\pm 1)^2$ ou $2^2 \pmod 4$. Como $2^2 \equiv 0 \pmod 4$, segue que $a^2 \equiv 0$ ou $1 \pmod 4$.

(ii) Como $a \equiv 0, \pm 1, \pm 2, \pm 3$ ou $4 \pmod 8$, segue que

$$a^2 \equiv 0^2, (\pm 1)^2, (\pm 2)^2, (\pm 3)^2 \text{ ou } 4^2 \pmod 8.$$

Mas $3^2 = 9 \equiv 1 \pmod 8$ e $4^2 = 16 \equiv 0 \pmod 8$, de modo que $a^2 \equiv 0, 1$ ou $4 \pmod 8$.

(iii) Pelo item anterior, podemos escrever $a^2 = 8q + r$, com $q \in \mathbb{N}$ e $r = 0, 1$ ou 4. Portanto,

$$\begin{aligned} a^4 = (8q+r)^2 &= 64q^2 + 16qr + r^2 \\ &= 16(4q^2 + qr) + r^2 \\ &= 16q' + 0 \text{ ou } 16q' + 1, \end{aligned}$$

com $q' \in \mathbb{N}$, pois se $r = 4$, teríamos $r^2 = 16$ e portanto a^4 deixa resto 0 na divisão por 16.

3.2 Sistemas completos de resto - SCR

Definição 3.3. *Chama-se **sistema completo de restos módulo m**, abreviadamente SCR, todo conjunto $S = \{r_1, r_2, \ldots, r_m\}$ de m inteiros tal que um inteiro qualquer **a** é congruente módulo m a um único elemento de S.*

Teorema 3.1. *O conjunto $S = \{0, 1, 2, \ldots, m-1\}$ é um sistema completo de restos módulo m.*

Demonstração: Seja a um inteiro qualquer e m um inteiro positivo fixado, podemos escrever pelo algoritmo da divisão o seguinte:

$$a = mq + r, \quad \text{com} \quad 0 \leq r < m.$$

Então, pela definição de inteiros congruentes módulo m, temos:

$$a \equiv r \pmod{m}$$

e como r é único e só pode assumir um dos valores do conjunto $\{0, 1, 2, \ldots, m-1\}$, segue-se que o inteiro a é congruente módulo m a um único elemento do conjunto S, e consequentemente, este conjunto é um SCR.

■

Corolário 3.1. *Se $S = \{r_1, r_2, \ldots, r_m\}$ é um sistema completo de restos módulo m, então os elementos de S são congruentes módulo m aos inteiros $0, 1, 2, \ldots, m-1$, tomados numa certa ordem.*

Demonstração: Da definição de SCR, qualquer que seja o inteiro a, temos: $a \equiv r_i \pmod{m}$, com $r_i \in S$. Além disso, da Proposição 3.1, item (i), temos que $a \equiv k \pmod{m}$, com $0 \leq k \leq m-1$.

Dadas as duas congruências acima, pela propriedade da transitividade da Proposição 3.2, temos: $r_i \equiv k \pmod{m}$.

Como $0 \leq k \leq m-1$, concluímos a demonstração.

■

Proposição 3.6. *Sejam m, l inteiros positivos tais que $(m, l) = 1$ e r um inteiro arbitrário. Então o conjunto:*

$$\{r, r+l, r+2l, \ldots, r+(m-1)l\}$$

é um SCR.

Demonstração: Façamos a demonstração por absurdo. Suponha que existem dois inteiros distintos i e j, com $0 \leq i < j < m$, para os quais tenhamos $r + il \equiv r + jl \pmod{m}$. Pelas propriedades das congruências, segue que $(j-i)l \equiv 0 \pmod{m}$. Como $0 = 0 \cdot l$ e $(m, l) = 1$, segue da Proposição 3.3, item (vii), que $j - i \equiv 0 \pmod{m}$. Mas isto é um absurdo, pois $0 < j - i < m$, já que $i \neq j$. Consequentemente, temos um conjunto com m inteiros todos incongruentes módulo m e, portanto, tal conjunto é um SCR.

■

Vejamos alguns critérios de divisibilidade, agora a partir da perspectiva de congruências.

3.3 Um critério de divisibilidade por 6

No capítulo 1 verificamos o principal critério de divisibilidade por 6, bastando aplicar simultaneamente os critérios de divisibilidade por 2 e 3. Agora, vamos propor uma alternativa menos usual a esse método. Antes disso, provemos que $10^i \equiv 4 \pmod{6}$, para i inteiro positivo. Para isso utilizaremos indução sobre i.

Para $i = 1$ a afirmação é claramente verdadeira, pois $10^1 = 10 \equiv 4 \pmod 6$. Suponha agora que a proposição seja verdadeira para algum k inteiro positivo, ou seja, $10^k \equiv 4 \pmod 6$. Mas como $10 \equiv 4 \pmod 6$, obtemos da proposição 3.3, item (*iv*), que:

$$10^k \cdot 10 \equiv 4 \times 4 \pmod 6 \Longleftrightarrow 10^{k+1} \equiv 16 \pmod 6.$$

Como $16 \equiv 4 \pmod 6$, por tansitividade, temos que $10^{k+1} \equiv 4 \pmod 6$. Portanto, $10^i \equiv 4 \pmod 6$, para todo $i \in \mathbb{N}$.

Assim, se um inteiro positivo n é escrito da forma $n = n_r \cdots n_1 n_0$, temos que:

$$n = n_0 + 10n_1 + 10^2 n_2 + \cdots + 10^r n_r \equiv n_0 + 4n_1 + 4n_2 + \cdots + 4n_r \pmod 6.$$

A passagem acima nada mais é do que uma aplicação dos resultados obtidos na proposição 3.3, itens (iii) e (iv), onde manipulamos as congruências da forma $10^i \equiv 4 \pmod 6$ e $n_j \equiv n_j \pmod 6$, onde n_j representa os algarismos de n.

Com isto, temos que o resto da divisão de n por 6 é igual ao resto da divisão de $n_0 + 4n_1 + 4n_2 + \cdots + 4n_r$ por 6. Desse modo, provamos que $n = n_0 + 10n_1 + 10^2 n_2 + \cdots + 10^r n_r$ é divisível por 6 se, e somente se, $n_0 + 4n_1 + 4n_2 + \cdots + 4n_r$ é divisível por 6.

3.4 Um critério de divisibilidade por 7, 11 e 13

Utilizaremos também as propriedades das congruências para provar esses critérios. Recorde que já vimos um critério de divisibilidade por 7 e 11, mas apresentaremos este resultado de forma alternativa, cuja demonstração recorreremos ao uso das propriedades que vimos neste capítulo.

Antes de iniciar, note que $7 \times 11 \times 13 = 1\ 001$ e como $1\ 000 \equiv -1 \pmod{1\ 001}$, da proposição 3.3, item (x), segue que:

$$1\ 000 \equiv -1 \pmod 7, \quad 1\ 000 \equiv -1 \pmod{11} \text{ e } 1\ 000 \equiv -1 \pmod{13}.$$

Assim, aplicando a proposição 3.3, item (v), às congruências acima, podemos obter:

$$\begin{aligned} 10^3 &\equiv -1 \pmod 7 \\ 10^6 &\equiv (-1)^2 \equiv 1 \pmod 7 \\ 10^9 &\equiv (-1)^3 \equiv -1 \pmod 7 \\ 10^{12} &\equiv (-1)^4 \equiv 1 \pmod 7 \end{aligned} \qquad \begin{aligned} 10^3 &\equiv -1 \pmod{11} \\ 10^6 &\equiv (-1)^2 \equiv 1 \pmod{11} \\ 10^9 &\equiv (-1)^3 \equiv -1 \pmod{11} \\ 10^{12} &\equiv (-1)^4 \equiv 1 \pmod{11} \end{aligned}$$

$$\begin{aligned} 10^3 &\equiv -1 \pmod{13} \\ 10^6 &\equiv (-1)^2 \equiv 1 \pmod{13} \\ 10^9 &\equiv (-1)^3 \equiv -1 \pmod{13} \\ 10^{12} &\equiv (-1)^4 \equiv 1 \pmod{13} \\ &\cdots \end{aligned}$$

Com efeito, se $n = n_0+10n_1+10^2n_2+\cdots+10^rn_r$ e utilizando novamente os itens (iii) e (iv) da proposição 3.3, temos módulo 7, 11 ou 13, que:

$$\begin{aligned} n &= n_2n_1n_0 + n_5n_4n_3 \times 10^3 + n_8n_7n_6 \times 10^6 + \cdots \\ &\equiv n_2n_1n_0 - n_5n_4n_3 + n_8n_7n_6 - \cdots . \end{aligned}$$

Portanto, o resto da divisão de n por 7, 11 ou 13 é igual ao resto da divisão de $n_2n_1n_0 - n_5n_4n_3 + n_8n_7n_6 - \cdots$ por 7, 11 ou 13, respectivamente.

Para fixar as ideias, vamos ver um exemplo para aplicar esse critério menos recorrente.

Exemplo 3.1. *Verificar se o número* 460 295 836 *é divisível por* 7, 11 *ou* 13.

Solução: Podemos resolver este exercício de duas formas: efetuar a divisão euclidiana diretamente, para analisar se o resto será igual a zero, ou aplicar o critério de divisibilidade demonstrado acima. Vamos recorrer a esta segunda alternativa inicialmente.

Para verificar se o número dado é divisível por $7, 11$ ou 13, basta analisar se a expressão $r = n_2n_1n_0 - n_5n_4n_3 + n_8n_7n_6$ é um múltiplo desses três números, respectivamente. Calculando o valor de r, temos $r = 836 - 295 + 460 = 541 + 460 = 1\,001$.

Mas já vimos anteriormente que $7 \times 11 \times 13 = 1\,001$, isto é, r é múltiplo de 7, 11 e 13. Assim, o número $460\ 295\ 836$ é divisível pelos três números, $7, 11$ e 13.

3.5 Congruências lineares

Definição 3.4. *Chama-se* ***congruência linear*** *toda equação da forma*

$$ax \equiv b\ (mod\ m) \quad (*)$$

onde a e b são inteiros quaisquer e m é um inteiro positivo.

Além disso, todo inteiro x_0 tal que

$$ax_0 \equiv b\ (\text{mod } m)$$

diz-se uma *solução* da congruência linear de $(*)$.

Teorema 3.2. *A congruência linear $ax \equiv b\ (mod\ m)$ tem solução se, e somente se, $d \mid b$, onde $d = (a, m)$.*

Demonstração: Suponha que $x_0 \in \mathbb{Z}$ é uma solução da congruência linear $ax \equiv b$ (mod m), isto é, $ax_0 \equiv b$ (mod m). então, existe um inteiro k_0 tal que: $ax_0 - b = mk_0 \Rightarrow ax_0 - mk_0 = b$.

Mas como $d \mid a$ e $d \mid m$, pois $d = (a, m)$, segue que d divide qualquer combinação linear de a e m, em particular, $d \mid (ax_0 - mk_0)$ e, portanto, $d \mid b$.

Reciprocamente, suponha que $d \mid b$, isto é, $b = dt$, onde t é inteiro. Como $d = (a, m)$, pelo Teorema 1.12 podemos afirmar que: existem inteiros x_0 e k_0 tais que

$$ax_0 + mk_0 = d \quad (1).$$

Multiplicando a equação (1) por t, concluímos

$$a(tx_0) + m(tk_0) = td = b \Rightarrow a(tx_0) - b = m(-tk_0)$$

Mas isso é o mesmo que escrever

$$a(tx_0) \equiv b \pmod{m}.$$

Portanto, o inteiro (tx_0) é uma solução para a congruência linear $ax \equiv b \pmod{m}$.

■

Proposição 3.7. *Sejam $a, m \in \mathbb{Z}$, $m > 0$. Então existe $b \in \mathbb{Z}$ com $ab \equiv 1 \pmod{m}$ se, e somente se, $(a, m) = 1$.*

Demonstração: Temos que $ab \equiv 1 \pmod{m}$ admite soluções na variável b se, e somente se, existem b, k inteiros tais que $ab - 1 = mk \Leftrightarrow ab - mk = 1$. Mas como $(a, m) \mid a$ e $(a, m) \mid m \Rightarrow (a, m) \mid ab - mk = 1$. Contudo, o único inteiro que divide 1 é ele mesmo. Portanto, $(a, m) = 1$.

Reciprocamente, se $(a, m) = 1$, então, pelo Teorema 1.12, existem b e k inteiros tais que $ab - mk = 1 \Leftrightarrow ab - 1 = mk$. Mas isso significa que $ab \equiv 1 \pmod{m}$.

■

Definição 3.5. *Seja $a \in \mathbb{Z}$. Chama-se inverso de a módulo m um inteiro b tal que $ab \equiv 1 \pmod{m}$.*

Teorema 3.3. *Se $(a, m) = 1$, então a tem um único inverso módulo m.*

Demonstração: Considere a congruência $ab \equiv 1 \pmod{m}$ $(*)$, na variável b. Seja x o inverso de a módulo m. Isto significa que $ax \equiv 1 \pmod{m}$. Suponha que y é um outro inteiro que satisfaz a congruência $(*)$, logo $ay \equiv 1 \pmod{m}$. Utilizando a Proposição 3.2, itens (i) e (iii), concluímos que $ax \equiv ay \equiv 1 \pmod{m}$. Mas pela Proposição 3.3, item (vii), segue que $x \equiv y \pmod{m}$.

■

3.6 Equações diofantinas - Resumo

Definição 3.6. *Uma equação da forma $ax + by = c$, onde a, b e c são inteiros é chamada* **equação diofantina linear**.

Propriedade 3.1. *Uma equação diofantina linear $ax + by = c$ tem solução se, e somente se, $d = (a, b)$ é um divisor de c.*

Demonstração:

($\Rightarrow$) Se (x_0, y_0) é uma solução, então vale a igualdade

$$ax_0 + by_0 = c.$$

Como $d \mid a$ e $d \mid b$, então $d \mid c$, pelo Lema 1.1, item (i).

($\Leftarrow$) Como $d = (a, b)$, então devido ao Teorema 1.12, podemos determinar m_0, $n_0 \in \mathbb{Z}$ tais que $an_0 + bm_0 = d$. Mas, por hipótese, $d \mid c$ e, portanto, $c = dq$ para algum $q \in \mathbb{Z}$. Consequentemente,

$$c = dq = (an_0 + bm_0)q = a(n_0q) + b(m_0q),$$

o que implica que o par (n_0q, m_0q) é solução da equação considerada.

■

Exemplo 3.2. *A equação diofantina $2x+3y = 10$ tem solução, pois $(2, 3) = 1$ e $1 \mid 10$. Já a equação diofantina $4x + 8y = 14$ não possui solução, pois o $(4, 8) = 4$ e $4 \nmid 14$.*

Teorema 3.4. *Se a equação diofantina $ax + by = c$ tem uma solução (x_0, y_0), então tem infinitas soluções e o conjunto destas é*

$$S = \left\{ \left(x_0 + \frac{b}{d}t,\ y_0 - \frac{a}{d}t \right);\quad t \in \mathbb{Z} \right\},$$

onde $d = (a, b)$.

Demonstração: Mostraremos inicialmente que todo par da forma $(x_0+(b/d)t,$ $y_0 - (a/d)t)$ é solução da equação considerada. De fato,

$$\begin{aligned} a\left(x_0 + \frac{b}{d}\,t\right) + b\left(y_0 - \frac{a}{d}\,t\right) &= ax_0 + by_0 + \left(\frac{ab - ba}{d}\right)t \\ &= ax_0 + by_0 = c, \end{aligned}$$

pois, por hipótese, (x_0, y_0) é solução da equação diofantina.

De outra parte, seja (x', y') uma solução genérica da equação diofantina dada. Então:

$$ax' + by' = c = ax_0 + by_0 \quad \Longrightarrow \quad a(x' - x_0) = b(y_0 - y').$$

Mas, como d é divisor de a e b, então existem r, $s \in \mathbb{Z}$, com $(r, s) = 1$, tais que $a = dr$ e $b = ds$. Assim,

$$dr(x' - x_0) = ds(y_0 - y') \quad \Longrightarrow \quad r(x' - x_0) = s(y_0 - y').$$

Da última igualdade, segue que r divide $s(y_0 - y')$. E, como r e s são primos entre si, então r divide $y_0 - y'$, pelo Teorema 1.13.

Logo, $y_0 - y' = rt$, para algum $t \in \mathbb{Z}$. Como $r = a/d$, então

$$y' = y_0 - \frac{a}{d}\,t.$$

Observando-se agora que, em consequência,

$$r(x' - x_0) = s(y_0 - y') = srt,$$

segue que

$$x' = x_0 + \frac{b}{d}\,t.$$

■

3.7 Teoremas de Fermat, Euler e Wilson

Para resolvermos muitos problemas que envolvem o uso de congruências é relativamente útil em alguns deles encontrar expoentes que tornem uma certa potência congruente a 1. Assim, o que queremos é encontrar um inteiro $t \geq 1$, sendo fixados a e m primos entre si e $m > 1$, tal que:

$$a^t \equiv 1 \pmod{m}.$$

Para isso, vamos provar um importante resultado em teoria dos números, atribuído ao matemático francês do século XVII Pierre de Fermat, conhecido na literatura como **Teorema de Fermat**.

Teorema 3.5. *(Fermat) Seja p um inteiro primo. Se $(a, p) = 1$, então*

$$a^{p-1} \equiv 1 \ (mod\ p).$$

Demonstração: Considere o conjunto $S = \{a, 2a, 3a, \ldots, (p-1)a\}$ dos $p-1$ primeiros inteiros múltiplos de a, onde a é um inteiro tal que $(a, p) = 1$. Note que nenhum dos elementos de S é divisível por p e quaisquer dois deles são incongruentes módulo p, pois, se fosse:

$$ra \equiv sa \pmod{p}, \quad 1 \leq r < s \leq p-1,$$

então, poderíamos cancelar o fator comum a pela Proposição 3.3, item (vii), uma vez que $(a, p) = 1$, e daí teríamos:

$$r \equiv s \pmod{p},$$

o que é impossível, uma vez que $0 < s - r < p$.

Com isso, cada um dos elementos de S é congruente módulo p a um único dos inteiros $1, 2, 3, \ldots, p-1$, considerados numa certa ordem e, por conseguinte, multiplicando ordenadamente todas essas $p-1$ congruências, teremos pela Proposição 3.3, item (iv):

$$a \cdot 2a \cdot 3a \cdots (p-1)a \equiv 1 \cdot 2 \cdot 3 \cdots (p-1) \pmod p$$
$$\Leftrightarrow$$
$$a^{p-1} \cdot (p-1)! \equiv (p-1)! \pmod p.$$

Como p é um número primo, certamente $(p, (p-1)!) = 1$. Utilizando a Proposição 3.3, item (vii), podemos cancelar o fator $(p-1)!$, o que produz o resultado desejado:

$$a^{p-1} \equiv 1 \pmod p.$$

■

Corolário 3.2 (Pequeno Teorema de Fermat). *Se p é um inteiro primo, então $a^p \equiv a$ (mod p), $\forall\, a \in \mathbb{Z}$.*

Demonstração: Vamos dividir esta demonstração em dois casos: primeiro para $p \mid a$ e segundo para $p \nmid a$.

(i) Se $p \mid a$, então $a \equiv 0 \pmod p$ e $a^p \equiv 0^p \equiv 0 \pmod p$ (pela Proposição 3.3, item (v)). Mas pela reflexividade e transitividade, concluímos que
$$a^p \equiv a \pmod p.$$

(ii) Se, por outro lado, $p \nmid a$, pelo teorema anterior temos $a^{p-1} \equiv 1 \pmod p$ e, pela Proposição 3.3, item (iv), segue que:
$$a \cdot a^{p-1} \equiv a \cdot 1 \pmod p \Leftrightarrow a^p \equiv a \pmod p.$$

■

Para fixar e entender melhor como podemos aplicar o teorema de Fermat, vejamos alguns exemplos de fácil compreensão.

Exemplo 3.3. *Prove que $42 \mid n^7 - n$, para todo $n \in \mathbb{N}$.*

Solução: Observe que $42 = 7 \times 3 \times 2$ e que $42 \mid n^7 - n$ é equivalente a

$$n^7 \equiv n \pmod{42} \Rightarrow n^7 \equiv n \pmod{7 \cdot 3 \cdot 2}.$$

Como consequência direta da Proposição 3.3, item (xii), necessariamente devemos ter $n^7 \equiv n \pmod 7$, $n^7 \equiv n \pmod 3$ e $n^7 \equiv n \pmod 2$.

Se conseguirmos provar essas três congruências separadamente, é implicação da proposição citada acima que $n^7 \equiv n \pmod{42}$, isto é, $42 \mid n^7 - n$, já que $[7, 3, 2] = 42$.

Pelo pequeno teorema de Fermat, temos o seguinte: $n^7 \equiv n \pmod 7$.

Ainda pelo mesmo teorema e utilizando propriedades, chegamos a

$$\begin{aligned} n^3 \equiv n \pmod 3 &\Rightarrow (n^3)^2 \cdot n \equiv n^2 \cdot n \pmod 3 \\ &\Rightarrow n^7 \equiv n^3 \pmod 3 \\ &\Rightarrow n^7 \equiv n \pmod 3. \end{aligned}$$

Novamente pelo pequeno teorema de Fermat e outras propriedades elementares de congruências, temos a seguinte sequência de implicações

$$\begin{aligned} n^2 \equiv n \pmod 2 &\Rightarrow (n^2)^3 \cdot n \equiv n^3 \cdot n \pmod 2 \\ &\Rightarrow n^7 \equiv n^4 \pmod 2 \\ &\Rightarrow n^7 \equiv n^2 \cdot n^2 \pmod 2 \\ &\Rightarrow n^7 \equiv n \cdot n \equiv n \pmod 2 \end{aligned}$$

Como conseguimos provar que $n^7 \equiv n \pmod 7$, $n^7 \equiv n \pmod 3$ e $n^7 \equiv n \pmod 2$ são congruências verdadeiras, segue da proposição mencionada no início que $n^7 \equiv n \pmod{42}$, isto é, $42 \mid n^7 - n$.

■

Exemplo 3.4. *Mostre que* $13 \mid 2^{70} + 3^{70}$.

Solução: Pelo Teorema de Fermat e a Proposição 3.3, item (v), segue o seguinte:

$$\begin{aligned} 2^{12} \equiv 1 \pmod{13} &\Rightarrow (2^{12})^5 \equiv 1^5 \pmod{13} \\ &\Rightarrow 2^{60} \equiv 1 \pmod{13} \quad (*) \end{aligned}$$

Sabemos que:

$$2^5 \equiv 6 \pmod{13} \Rightarrow 2^{10} \equiv 36 \equiv -3 \pmod{13} \quad (**)$$

Aplicando o item (iv) da Proposição 3.3 a $(*)$ e $(**)$ concluímos que $2^{70} \equiv -3 \pmod{13}$. (I)

Agora, do item (v) da Proposição 3.3, podemos obter a seguinte implicação: $3^3 \equiv 1 \pmod{13} \Rightarrow (3^3)^{23} \equiv 1^{23} \pmod{13} \Rightarrow 3^{69} \equiv 1 \pmod{13}$.

Tomando a última congruência $3^{69} \equiv 1 \pmod{13}$ e multiplicando por 3, temos $3^{70} \equiv 3 \pmod{13}$. (II)

Somando (I) e (II), pelo item (iii) da Proposição 3.3, chegamos a $2^{70} + 3^{70} \equiv 0 \pmod{13}$, ou seja: $13 \mid 2^{70} + 3^{70}$.

Importante salientar que utilizamos em grande medida os resultados da Proposição 3.3, às vezes omitidos, para realizar manipulações algébricas importantes na resolução deste e de outros exemplos.

■

Exemplo 3.5. *Encontre o resto da divisão de* $7^{120} - 1$ *por* 143.

Solução: É importante notar que o número 143 não é primo, uma vez que $143 = 11 \times 13$. Assim, vamos dividir a resolução do exemplo em dois casos: o resto da divisão por 11 e o resto da divisão por 13. Vejamos:

(i) Como 11 é primo, podemos aplicar o teorema de Fermat, obtendo $7^{10} \equiv 1 \pmod{11}$. Da Proposição 3.3, item (v), segue que:

$$\begin{aligned}(7^{10})^{12} \equiv 1^{12} \pmod{11} &\Rightarrow 7^{120} \equiv 1 \pmod{11}\\ &\Rightarrow 7^{120} - 1 \equiv 0 \pmod{11}. \quad (*)\end{aligned}$$

A última implicação segue da Proposição 3.3, item (ii).

(ii) Como 13 também é primo, vamos aplicar novamente o teorema de Fermat, chegando a $7^{12} \equiv 1 \pmod{13}$. Da Proposição 3.3, item (v), segue que:

$$(7^{12})^{10} \equiv 1^{10} \pmod{13} \Rightarrow 7^{120} \equiv 1 \pmod{13}$$
$$\Rightarrow 7^{120} - 1 \equiv 0 \pmod{13}. \quad (**)$$

Agora, aplicando o resultado da Proposição 3.3, item (xii), a $(*)$ e $(**)$, concluímos que:

$$7^{120} - 1 \equiv 0 \pmod{[11, 13]} \Leftrightarrow 7^{120} - 1 \equiv 0 \pmod{143}.$$

Portanto, $7^{120} - 1$ deixa resto 0 quando dividido por 143.

■

Exemplo 3.6. *Mostre que, para todo inteiro positivo,* $15 \mid 3n^5 + 5n^3 + 7n$.

Solução: Do mesmo modo que fizemos anteriormente, observe que $15 = 3 \times 5$. Assim, para provarmos que $15 \mid 3n^5 + 5n^3 + 7n$ não podemos aplicar o teorema de Fermat módulo 15, mas podemos fazer módulo 3 e 5, pois são ambos números primos. Novamente, vamos dividir em dois casos:

(i) Pelo teorema de Fermat, sabemos que $n^5 \equiv n \pmod{5}$ (I). Além disso, é fácil notar que $5 \equiv 0 \pmod{5}$ (II) e $7 \equiv 2 \pmod{5}$ (III). Multiplicando (I) por 3, (II) por n^3 e (III) por n obteremos:

$$\begin{cases} 3n^5 \equiv 3n \pmod{5}, \\ 5n^3 \equiv 0 \pmod{5}, \\ 7n \equiv 2n \pmod{5} \end{cases} \Rightarrow 3n^5 + 5n^3 + 7n \equiv 3n + 0 + 2n \pmod{5}$$

Note que "somamos membro a membro", o que segue da Proposição 3.3, item (iii).

Mas sabemos que $3n + 0 + 2n = 5n$ e $5n \equiv 0 \pmod{5}$, pois qualquer múltiplo de 5 deixa resto 0 na divisão por 5. Daí, por transitividade, concluímos que $3n^5 + 5n^3 + 7n \equiv 0 \pmod{5}$ e, portanto, $5 \mid 3n^5 + 5n^3 + 7n$, para todo n inteiro positivo.

(ii) Pelo teorema de Fermat, sabemos que $n^3 \equiv n \pmod 3$ (I). Além disso, notamos que $3 \equiv 0 \pmod 3$ (II) e $7 \equiv 1 \pmod 3$ (III). Multiplicando (I) por 5, (II) por n^5 e (III) por n obteremos:

$$\begin{cases} 5n^3 \equiv 5n \pmod 3, \\ 3n^5 \equiv 0 \pmod 3, \\ 7n \equiv n \pmod 3 \end{cases} \Rightarrow 5n^3 + 3n^5 + 7n \equiv 5n + 0 + n \pmod 3$$

Mas como $5n + 0 + n = 6n$ e $6n \equiv 0 \pmod 3$, pois qualquer múltiplo de 6 deixa resto igual a 0 na divisão por 3. Daí, novamente por transitividade, concluímos que $3n^5 + 5n^3 + 7n \equiv 0 \pmod 3$ e, portanto, $3 \mid 3n^5 + 5n^3 + 7n$, para todo n inteiro positivo.

Desse modo, se 3 e 5 dividem $3n^5 + 5n^3 + 7n$, concluímos que $15 \mid 3n^5 + 5n^3 + 7n$.

■

Exemplo 3.7. *Mostre que, se p e q são primos distintos tais que $a^p \equiv a \pmod q$ e $a^q \equiv a \pmod p$, então $a^{pq} \equiv a \pmod{pq}$.*

Solução: Pelo pequeno teorema de Fermat, temos o seguinte:

$$(a^q)^p \equiv a^q \pmod p \quad \text{e} \quad (a^p)^q \equiv a^p \pmod q.$$

Por hipótese, temos que $a^p \equiv a \pmod q$ e $a^q \equiv a \pmod p$. Comparando as congruências com aquelas obtidas do pequeno teorema de Fermat, chegamos a:

$$a^{pq} \equiv a \pmod q \quad \text{e} \quad a^{pq} \equiv a \pmod p,$$

o que significa que

$$q \mid a^{pq} - a \quad \text{e} \quad p \mid a^{pq} - a.$$

Como o $(p, q) = 1$, já que ambos são primos, então, por consequência do teorema da decomposição, temos: $pq \mid a^{pq} - a$ e, portanto,

$$a^{pq} \equiv a \pmod{pq}.$$

■

Exemplo 3.8. *Prove que cada primo divisor de $2^p - 1$, onde p é um número primo, é maior que p.*

Solução: Se $p = 2$, então $2^2 - 1 = 3$, logo a proposição é verdadeira. Assim, podemos supor que p é ímpar.

Seja q um primo que divide $2^p - 1$, então q é ímpar e $2^p \equiv 1 \pmod{q}$. Do teorema de Fermat, segue: $2^{q-1} \equiv 1 \pmod{q}$.

Vamos testar as possibilidades para p e q:

(i) Se $q < p$, então $(q-1, p) = 1$. Dessa forma, pela Proposição 1.3, existem inteiros a, b tais que

$$a(q-1) + bp = 1, \text{ donde segue:}$$

$$2^1 = 2^{a(q-1)+bp} \equiv (2^{q-1})^a \cdot (2^p)^b \equiv 1 \pmod{q}$$

claramente uma contradição.

(ii) Se $p = q$, então

$$2 = 2 \cdot 1 \equiv 2 \cdot 2^{q-1} \equiv 2^q \equiv 2^p \equiv 1 \pmod{q}$$

outra contradição.

Portanto, q deve ser maior que p.

■

Exemplo 3.9. *Mostre que, se p e q são números primos, então:*

$$\frac{n^p}{p} + \frac{n^q}{q} + \frac{(pq - p - q)n}{pq}$$

é um inteiro para todo $n \in \mathbb{N}$.

Solução: Note que podemos reescrever a expressão dada como

$$\frac{n^p}{p}+\frac{n^q}{q}+\frac{(pq-p-q)n}{pq}=\frac{n^p-n}{p}+\frac{n^q-n}{q}+n. \quad \text{(I)}$$

Pelo pequeno teorema de Fermat, temos:

$$n^p \equiv n \pmod p \ \text{ e } \ n^q \equiv n \pmod q$$

Logo, $p \mid n^p - n$ e $q \mid n^q - n$ e as duas primeiras parcelas de (I) são números inteiros. Somando estas duas parcelas com n, resultará um número inteiro.

■

Um outro conhecido teorema em teoria dos números, um importante *critério de primalidade*, o chamado **teorema de Wilson**.

Teorema 3.6 (Wilson). *Um natural p é primo se e só se*

$$(p-1)! \equiv -1 \ (\mathit{mod}\ p).$$

Demonstração: Vamos verificar se o teorema é válido para $p = 2$. De fato, $(2-1)! \equiv 1 \equiv -1 \pmod 2$. Assim, o resultado vale para $p = 2$. Pelo Teorema 3.2, a congruência linear $ax \equiv 1 \pmod p$ tem uma única solução para todo $a \in \{1, 2, 3, \ldots, p-1\}$, uma vez que x deve ser o inverso de a módulo p. Mas, destes elementos, note que 1 e $p - 1$ são seus próprios inversos módulo p, pois $1 \cdot 1 \equiv 1 \pmod p$ e $(p-1)^2 = p^2 - 2p + 1 \equiv 1 \pmod p$. Agora, podemos agrupar os números $2, 3, 4, \ldots, p-2$ em $\frac{p-3}{2}$ pares cujo produto seja congruente a 1 módulo p. Se multiplicarmos estas congruências, membro a membro, teremos, pela Proposição 3.3, item (iv): $2\times3\times4\times5\times\cdots\times(p-2) \equiv 1 \pmod p$. Multiplicando ambos os membros da congruência por $p - 1$, teremos:

$$2\times3\times4\times5\times\cdots\times(p-1) \equiv (p-1) \equiv -1 \pmod p$$

isto é, $(p-1)! \equiv -1 \pmod p$.

Reciprocamente, vamos supor que $(p-1)! \equiv -1 \pmod{p}$, mas isso é o mesmo que escrever $p \mid ((p-1)!+1)$ e seja, por contradição, p um inteiro composto, logo $p = ab$ e $1 < a < p$ e $1 < b < p$. Nestas condições, $a \mid (p-1)!$, já que $(p-1)!$ possui como fatores todos os inteiros positivos do 1 até $p-1$, o que certamente inclui a. Por outro lado, a é um divisor de p, consequentemente, $a \mid ((p-1)!+1)$ e, portanto, a deve dividir a diferença $(p-1)!+1-(p-1)! = 1$ pelo Lema 1.1, item i), o que é um absurdo, uma vez que $a > 1$. Logo, se p satisfaz $(p-1)! \equiv -1 \pmod{p}$, p deve ser primo.

■

Exemplo 3.10. *Prove que não é possível dividir* 18 *inteiros consecutivos em dois conjuntos A e B com o mesmo produto de seus elementos.*

Solução: Vamos provar este exemplo por absurdo. Suponha que seja possível separar 18 inteiros consecutivos em dois conjuntos disjuntos, tal que o produto de seus elementos seja igual. De forma mais simbólica, podemos escrever:

$$x = \prod_{a \in A} a = \prod_{b \in B} b$$

Certamente, entre 18 números consecutivos, no máximo um deles é múltiplo de 19 e, se este número existir, ele pertence a apenas um dos conjuntos A ou B (lembre-se que são disjuntos). Suponha que este número exista. Como 19 é um número primo, apenas o produto dos elementos de A ou de B será múltiplo de 19. Neste caso, portanto, há um absurdo, pois não será possível obter o mesmo produto a partir dos elementos de A e B.

Note que podemos ainda escrever $A \cup B = \{n, n+1, \ldots, n+17\}$. Mas como nenhum deles pode ser múltiplo de 19, concluímos que devemos ter $n \equiv 1 \pmod{19} (*)$, pois somente neste caso nenhum dos elementos do conjunto $A \cup B$ será múltiplo de 19.

Fazendo o produto de todos os números do conjunto $A \cup B$, por $(*)$ e aplicando o teorema de Wilson, temos:

$$n \cdot (n+1) \cdots (n+17) \equiv 1 \cdot 2 \cdots 18 = \underbrace{(19-1)! \equiv -1 \pmod{19}}_{\text{Teorema de Wilson}}$$

Por outro lado,

$$n \cdot (n+1) \cdots (n+17) = \prod_{a \in A} a \cdot \prod_{b \in B} b = x^2$$

Assim, obtivemos $x^2 \equiv -1 \pmod{19}(**)$. Pelo Teorema de Fermat, sabemos que $t^{p-1} \equiv 1 \pmod{p}$, onde $(t,p) = 1$ e p é primo. Observe que $n \cdot (n+1) \cdots (n+17)$ é primo com 19, pois nenhum de seus fatores é múltiplo de 19. Aplicando a Proposição 3.3, item (v), a $(**)$ obtemos:

$$(x^2)^9 \equiv (-1)^9 \pmod{19} \Rightarrow x^{18} \equiv -1 \pmod{19}.$$

Mas isso é um absurdo, pois contraria o Teorema de Fermat, já que 1 e -1 são incongruentes módulo 19.

■

Exemplo 3.11. *Utilizando o Teorema de Wilson, encontre o resto da divisão de*

$$\prod_{i=1}^{7}(2i+1)^2$$

por 17.

Solução: De forma expandida, o que devemos fazer é determinar o inteiro não negativo a tal que:

$$3^2 \cdot 5^2 \cdot 7^2 \cdots 15^2 \equiv a \pmod{17}$$

Note que, módulo 17, podemos escrever as seguintes congruências:

$3 \equiv -14$	$5 \equiv -12$	$7 \equiv -10$	$9 \equiv -8$
$11 \equiv -6$	$13 \equiv -4$	$15 \equiv -2$	

Como $a^2 = -a \cdot (-a)$, se obtém as seguintes congruências módulo 17:

$$\begin{array}{llll} 3^2 \equiv -3 \cdot 14 & 5^2 \equiv -5 \cdot 12 & 7^2 \equiv -7 \cdot 10 & 9^2 \equiv -9 \cdot 8 \\ 11^2 \equiv -11 \cdot 6 & 13^2 \equiv -13 \cdot 4 & 15^2 \equiv -15 \cdot 2 & \end{array}$$

Multiplicando membro a membro todas as sete congruências acima, chegamos à seguinte conclusão:

$$3^2 \cdot 5^2 \cdot 7^2 \cdots 15^2 \equiv (-1)^7 \cdot 15! \equiv -15! \pmod{17}.$$

Por outro lado, pelo Teorema de Wilson, sabemos que $16! \equiv -1 \pmod{17}$, o que pode ser reescrito como $16 \cdot 15! \equiv -1 \pmod{17}$. Como $16 \equiv -1 \pmod{17}$, segue da Proposição 3.2, itens (ii) e (iii), que $16 \cdot 15! \equiv 16 \pmod{17}$. Da Proposição 3.3, item (vii), a congruência anterior implica em $15! \equiv 1 \pmod{17}$. Multiplicando ambos os membros congruência por -1, temos $-15! \equiv -1 \pmod{17}$. Portanto, o inteiro a que estamos procurando é congruente a -1 módulo 17. Portanto, $a = 16$.

■

Antes de introduzirmos um importante resultado em teoria dos números atribuído ao matemático Euler, o qual é visto como uma generalização do pequeno Teorema de Fermat, é necessário introduzirmos a seguinte definição.

Definição 3.7. *A* ***função*** ϕ ***de Euler*** *é a função* $\phi : \mathbb{N} \to \mathbb{N}$ *dada por*

$$\phi(n) = \#\{1 \leq k \leq n; (k, n) = 1\}.$$

Ou seja, a função ϕ nos dá o número de inteiros positivos que não superam n e são relativamente primos com n.

Exemplo 3.12. *Calcular* $\phi(12)$ *e* $\phi(30)$.

Solução: Se n é igual a 12, devemos encontrar todos os números inteiros k menores que 12, tal que $(12, k) = 1$. É fácil verificar que:

$$A = \{k \in \mathbb{Z} \mid 1 \leq k < 12 \text{ e } (12, k) = 1\} = \{1, 5, 7, 11\}.$$

Portanto, o conjunto A possui 4 elementos e assim $\phi(12) = 4$.

De modo análogo, devemos verificar quantos são os inteiros positivos x, primos relativos com 30 e que não o superam. Podemos notar que:

$$B = \{x \in \mathbb{Z} \mid 1 \leq x < 30 \text{ e } (30, x) = 1\} = \{1, 7, 11, 13, 17, 19, 23, 29\}.$$

Como $\#B = 8$, concluímos que $\phi(30) = 8$.

■

Note, no exemplo anterior, que para o cálculo da função ϕ utilizamos a contagem direta dos elementos do conjunto para chegar ao número desejado. Contudo esse método se torna pouco eficaz quando estamos tratando de números com três dígitos ou mais. Imagine calcular $\phi(7\ 865)$ sem um método prático. Para contornar isso, vejamos alguns resultados importantes que utilizamos para chegar no valor da função ϕ sem utilizar a contagem direta.

Proposição 3.8. *Dado um inteiro $n > 1$, então $\phi(n) = n - 1$ se, e somente se, n é primo.*

Demonstração: Se $n > 1$ é primo, então cada um dos inteiros positivos menores que n é primo com n e, portanto, $\phi(n) = n - 1$ (segue diretamente da definição de número primo).

Reciprocamente, seja $\phi(n) = n-1$. Suponha que n é um inteiro composto. Desse modo, existe inteiro d tal que $d \mid n$, com $1 < d < n$, de modo que pelo menos dois dos inteiros $1, 2, 3, \ldots, n$ não seriam primos com n, o d e o próprio n, isto é, $\phi(n) \leq n - 2$. Contradição. Logo, n é primo.

■

Proposição 3.9. *Se p é um número primo e k um inteiro positivo, então:*

$$\phi(p^k) = p^{k-1}(p - 1).$$

Demonstração: Os únicos números do conjunto $\{1, 2, 3, \ldots, p^k\}$ que não são relativamente primos com p^k são aqueles divisíveis por p. Note que os múltiplos de p, notadamente não coprimos com p^k, serão os elementos do conjunto $P = \{p, 2p, 3p, \ldots, (p^{k-1})p\}$. Evidentemente, a quantidade de elementos do conjunto P é igual a p^{k-1}. Assim, $\phi(p^k) = p^k - p^{k-1} = p^{k-1}(p-1)$.

■

Exemplo 3.13. *Determinar* $\phi(343)$.

Solução: Nesse exemplo $n = 343$. Mas observe que $343 = 7^3$. Ou seja, queremos calcular $\phi(7^3)$. Com isso, podemos aplicar o resultado da proposição 3.7, pois 7 é um número primo. Logo:

$$\phi(7^3) = 7^{3-1}(7-1) = 7^2 \times 6 = 49 \times 6 = 294$$

isto é, existem 294 inteiros menores que 343 e coprimos com ele.

■

Teorema 3.7. *Se m e n são inteiros positivos tais que $(m, n) = 1$, então:*

$$\phi(mn) = \phi(m) \cdot \phi(n).$$

Demonstração: O resultado é notadamente verdadeiro se m ou n é igual a 1, pois temos:

$$\phi(1 \cdot n) = \phi(n) = 1 \cdot \phi(n) = \phi(1) \cdot \phi(n)$$
$$\phi(m \cdot 1) = \phi(m) = \phi(m) \cdot 1 = \phi(m) \cdot \phi(1)$$

Suponhamos então $m, n > 1$. Neste caso, os inteiros de 1 a mn podem ser dispostos em m colunas com n inteiros em cada uma delas, da seguinte forma:

$$\begin{array}{llllllll}
1 & 2 & \cdots & h & \cdots & m \\
m+1 & m+2 & \cdots & m+h & \cdots & 2m \\
2m+1 & 2m+2 & \cdots & 2m+h & \cdots & 3m \\
\vdots & \vdots & \cdots & \vdots & \cdots & \vdots \\
(n-1)m+1 & (n-1)m+2 & \cdots & (n-1)m+h & \cdots & mn
\end{array}$$

Pelo Teorema 1.13, sabemos que $(qm+h,m)=(h,m)$, assim os inteiros da h-ésima coluna são coprimos com m se, e somente se, h é coprimo com m. Como na primeira linha o número de inteiros que são coprimos com m é igual a $\phi(m)$, segue que existem somente $\phi(m)$ colunas formadas com inteiros que são todos coprimos com m. Em virtude da Proposição 3.5, a progressão aritmética:

$$h, m+h, 2m+h, \ldots, (n-1)m+h$$

onde $(h,m)=1$ e, por hipótese, $(m,n)=1$, é um SCR. Assim, pelo Corolário 3.1, podemos afirmar que os restos de seus elementos na divisão por n formam exatamente o conjunto $\{0,1,2,\ldots,n-1\}$, e dentre eles existem exatamente $\phi(n)$ elementos coprimos com n. Sendo assim, o número total de inteiros que são relativamente primos com m e com n, isto é, coprimos com mn, é igual a $\phi(m)\cdot\phi(n)$. Portanto,

$$\phi(mn)=\phi(m)\cdot\phi(n).$$

■

Teorema 3.8. *Se $n=p_1^{\alpha_1}p_2^{\alpha_2}p_3^{\alpha_3}\cdots p_k^{\alpha_k}$ é a fatoração em primos de n, então:*

$$\phi(n)=n\cdot\prod_{i=1}^{k}\left(1-\frac{1}{p_i}\right)=n\left(1-\frac{1}{p_1}\right)\left(1-\frac{1}{p_2}\right)\cdots\left(1-\frac{1}{p_k}\right)$$

Demonstração: Pelo Teorema 3.6 juntamente à Proposição 3.8, obtemos a seguinte sequência de igualdades:

$$\begin{aligned}\phi(n) &= \phi(p_1^{\alpha_1}p_2^{\alpha_2}p_3^{\alpha_3}\cdots p_k^{\alpha_k})\\ &= \phi(p_1^{\alpha_1})\phi(p_2^{\alpha_2})\phi(p_3^{\alpha_3})\cdots\phi(p_k^{\alpha_k})\\ &= p_1^{\alpha_1-1}(p_1-1)\cdot p_2^{\alpha_2-1}(p_2-1)\cdots p_k^{\alpha_k-1}(p_k-1)\\ &= p_1^{\alpha_1-1}p_2^{\alpha_2-1}\cdots p_k^{\alpha_k-1}(p_1-1)(p_2-1)\cdots(p_k-1)\\ &= n\left(1-\frac{1}{p_1}\right)\left(1-\frac{1}{p_2}\right)\cdots\left(1-\frac{1}{p_k}\right)\end{aligned}$$

■

Exemplo 3.14. *Prove que se $p > 2$ e $2p+1$ são ambos números primos, então para $n = 4p$ vale que*

$$\phi(n+2) = \phi(n) + 2$$

Solução: Queremos provar que $\phi(n+2) = \phi(n) + 2$ $(*)$, com $n = 4p$. Para isso, vamos verificar que resultados obtemos com cada um dos membros da equação, separadamente, e depois compará-los.

Para o primeiro membro, fazendo então a substituição e fatorando, obtemos

$$\phi(4p+2) = \phi(2\cdot(2p+1)).$$

Como 2 e $2p+1$ são ambos primos, então aplicando o Teorema 3.6 e posteriormente a Proposição 3.7, obtemos

$$\phi(2(2p+1)) = \phi(2)\cdot\phi(2p+1) = 1\times(2p+1-1) = 2p \text{ (I)}$$

Agora vamos verificar se o segundo membro de $(*)$ gera o mesmo resultado. Como $p > 2$, segue que $(4,p) = 1$. Portanto, substituindo e aplicando o Teorema 3.6 junto à Proposição 3.7, temos:

$$\phi(4p) + 2 = \phi(4)\cdot\phi(p) + 2 = 2\times(p-1) + 2 = 2p - 2 + 2 = 2p \text{ (II)}$$

Portanto, por (I) e (II) temos que $\phi(n+2) = \phi(n) + 2$, para $n = 4p$.

■

Definição 3.8. *Um **sistema reduzido de resíduos** módulo m é um conjunto de $\phi(m)$ inteiros $r_1, r_2, \ldots, r_{\phi(m)}$, tais que cada elemento do conjunto é relativamente primo com m, e se $i \neq j$, então $r_i \not\equiv r_j$ (mod m).*

Lema 3.1. *Dados a, b e c inteiros,*

(i) se $(a, b) = 1$, então $(ac, b) = (c, b)$.

(ii) $(ac, b) = 1$ se, e somente se, $(a, b) = (c, b) = 1$.

Demonstração:

(i) Seja $d = (c, b)$. Logo, $d \mid c$ e $d \mid b$. Certamente, $d \mid ac$. Para mostrarmos que d também é o máximo divisor entre ac e b, precisamos mostrar que d é divisível por todo divisor comum deles.

Seja e um divisor comum de ac e b. Como $(e, a) \mid a$ e $(e, a) \mid e$, e como $e \mid b$, segue que $(e, a) \mid (a, b)$; logo em sendo $(a, b) = 1$, temos que $(e, a) = 1$. Já que $e \mid ac$ e $(e, a) = 1$, temos que $e \mid c$. Como $e \mid c$ e $e \mid b$, consequentemente, $e \mid d$.

Portanto, $(ac, b) = (c, b) = d$.

(ii) Temos que $(ac, b) = 1$, mas isso significa, pela Proposição 1.3, que existem $m, n \in \mathbb{Z}$ tais que $mac + nb = 1$, o que podemos reescrever das seguintes formas $(mc)a + nb = 1$ e $(ma)c + nb = 1$. Fazendo $n_1 = mc$ e $n_2 = ma$, ambos inteiros, temos $n_1a + nb = 1$ e $n_2c + nb = 1$. Assim, ainda pela Proposição 1.3, concluímos que $(a, b) = (c, b) = 1$.

Reciprocamente, se $(a, b) = (c, b) = 1$, do item anterior, segue que $(ac, b) = (c, b) = 1$.

■

Lema 3.2. *Seja a um inteiro positivo tal que $(a, m) = 1$. Se $r_1, r_2, \ldots, r_{\phi(m)}$, é um sistema reduzido de resíduos módulo m, então $ar_1, ar_2, \ldots, ar_{\phi(m)}$ é, também, um sistema reduzido de resíduos módulo m.*

Demonstração: Dois quaisquer dos inteiros $ar_1, ar_2, \ldots, ar_{\phi(m)}$ são incongruentes módulo m, pois, se fosse:

$$ar_i \equiv ar_j \pmod{m} \text{ com } 1 \leq i < j \leq \phi(m),$$

já que $(a, m) = 1$, podemos aplicar a Proposição 3.3, item (vii), obtendo

$$r_i \equiv r_j \pmod{m}$$

o que é uma contradição, pois $r_1, r_2, \ldots, r_{\phi(m)}$ é um sistema reduzido de resíduos módulo m, por hipótese.

Por outro lado, como

$$(r_i, m) = 1 \ (i = 1, \ldots, \phi(m)) \text{ e o } (a, m) = 1$$

segue-se do Lema 3.1, item (ii), que $(ar_i, m) = 1$.

Desse modo, os elementos $ar_1, ar_2, \ldots, ar_{\phi(m)}$ são inteiros coprimos com m e dois a dois incongruentes módulo m. Logo, pela definição 3.7, os números $ar_1, ar_2, \ldots, ar_{\phi(m)}$ formam um sistema reduzido de restos módulo m.

■

Teorema 3.9 (Euler). *Se $(a, m) = 1$, então:*

$$a^{\phi(m)} \equiv 1 \ (mod\ m).$$

Demonstração: Para $m = 1$ o teorema é verdadeiro, pois:

$$a^{\phi(1)} = a \equiv 1 \pmod{1}$$

Suponha que $m > 1$. Sejam $r_1, r_2, \ldots, r_{\phi(m)}$ os inteiros positivos menores que m que são relativamente primos com m. Como $(a, m) = 1$, então, pelo Lema 3.2, os inteiros: $ar_1, ar_2, \ldots, ar_{\phi(m)}$ formam um sistema reduzido de restos módulo m e, consequentemente, são congruentes módulo m, não necessariamente nessa ordem, aos inteiros $r_1, r_2, \ldots, r_{\phi(m)}$, isto é:

$$\begin{aligned} ar_1 &\equiv r_1^* \pmod{m} \\ ar_2 &\equiv r_2^* \pmod{m} \\ &\ldots\ldots\ldots\ldots\ldots \\ ar_{\phi(m)} &\equiv r_{\phi(m)}^* \pmod{m} \end{aligned}$$

onde $r_1^*, r_2^*, \ldots, r_{\phi(m)}^*$ são os inteiros: $r_1, r_2, \ldots, r_{\phi(m)}$, numa certa ordem.

Multiplicando ordenadamente essas $\phi(m)$ congruências, obtemos:

$$\begin{aligned} (ar_1)(ar_2)\cdots(ar_{\phi(m)}) &\equiv r_1^* r_2^* \cdots r_{\phi(m)}^* \pmod{m} \\ &\equiv r_1 r_2 \cdots r_{\phi(m)} \pmod{m} \end{aligned}$$

ou seja:

$$a^{\phi(m)}(r_1 r_2 \cdots r_{\phi(m)}) \equiv r_1 r_2 \cdots r_{\phi(m)} \pmod{m}$$

Como o $(r_i, m) = 1$, para $i = 1, \ldots, \phi(m)$, então o $(r_1 r_2 \cdots r_{\phi(m)}, m)$ $= 1$ e, portanto, pela Proposição 3.3, item (vii), podemos "cancelar" o fator comum na congruência, obtendo:

$$a^{\phi(m)} \equiv 1 \pmod{m}.$$

Observe que, se p é um número primo, então $\phi(p) = p - 1$ e, sendo $(a, p) = 1$, temos que $a^{p-1} \equiv 1 \pmod{p}$. Assim, o Teorema de Fermat pode ser visto como um caso particular do Teorema de Euler.

■

3.8 Teorema Chinês do Resto - TCR

Teorema 3.10. *Sejam $m_1, m_2, \ldots, m_r$ inteiros positivos dois a dois primos entre si (i.e, $(m_i, m_j) = 1$ quando $i \neq j$). Então o sistema de congruências*

$$\begin{cases} x \equiv a_1 \ (mod\ m_1) \\ x \equiv a_2 \ (mod\ m_2) \\ \vdots \\ x \equiv a_r \ (mod\ m_r), \end{cases}$$

em que $a_1, a_2, \ldots, a_r$ *são inteiros dados, possui solução* x. *O conjunto de todas as soluções é*

$$\{y \in \mathbb{Z} \mid y \equiv x \ (mod\ m_1 m_2 \cdots m_r)\}.$$

Demonstração: Seja $M = m_1 \cdot m_2 \cdots m_k$ e consideremos os números $M_j = \frac{M}{m_j}$. Note que $M_j \equiv 0 \pmod{m_i}$, $\forall i \neq j$, uma vez que M_j é múltiplo de m_i. Além disso, $(M_j, m_j) = 1$.

Assim, segue da Proposição 3.7, que existe $x_j \in \mathbb{Z}$ tal que:

$$M_j x_j \equiv 1 \pmod{m_j}. \quad (*)$$

Agora, considere:

$$x = M_1 x_1 a_1 + M_2 x_2 a_2 + \cdots + M_r x_r a_r.$$

Afirmamos que $x \equiv a_i \pmod{m_i}$.

De fato,

$$x \equiv a_1 M_1 x_1 \pmod{m_1} \Rightarrow x \equiv a_1 \cdot 1 \pmod{m_1},$$

por $(*)$.

Observe que m_1 aparece nas outras parcelas de x em $M_j, j = 2, \ldots, r$. Da mesma forma:

$$x \equiv a_i M_i x_i \pmod{m_i} \Rightarrow x \equiv a_i \cdot 1 \pmod{m_i}.$$

Observe que m_i aparece em todas as parcelas de x, em todo M_j, com $j \neq i$.

Logo, x é solução do sistema.

Suponhamos agora que existe $y \in \mathbb{Z}$ tal que:

$$y \equiv a_i \pmod{m_i}, \text{ para todo } i \leq r.$$

Essa última congruência é equivalente a

$$y \equiv x \pmod{m_i}, \text{ para todo } i \leq r,$$

a qual equivale a

$$m_i \mid y - x, \text{ para todo } i \leq r,$$

e, finalmente, equivale a

$$m_1 m_2 \cdots m_r \mid y - x,$$

pois $(m_i, m_j) = 1$, para todo $i \neq j$.

Portanto, $y \equiv x \pmod{m_1 m_2 \cdots m_r}$.

■

Observação: Nas mesmas condições do TCR, no qual tenhamos congruências da forma:

$$b_j x \equiv a_j \pmod{m_1 m_2 \cdots m_j}, \; j = 1, \ldots, r,$$

onde b_j são inteiros dados em que $(b_j, m_j) = 1$, podemos pela Proposição 3.7 transformar em equivalências da forma

$$x_j \equiv c_j \pmod{m_j}, \; j = 1, \ldots, r.$$

Portanto, as congruências são postas na forma que acabamos de demonstrar.

Exemplo 3.15. *Resolva o seguinte sistema de congruências*

$$\begin{cases} x \equiv 1 \; (mod\; 2) \\ x \equiv 2 \; (mod\; 3) \\ x \equiv 3 \; (mod\; 5) \end{cases}$$

Solução: Pelo TCR a solução é:

$$x = 1 \cdot M_1 \cdot x_1 + 2 \cdot M_2 \cdot x_2 + 3 \cdot M_3 \cdot x_3 \pmod{2 \cdot 3 \cdot 5},$$

onde $M_1 = 3 \cdot 5 = 15, M_2 = 2 \cdot 5 = 10, M_3 = 2 \cdot 3 = 6$ e

$$\begin{aligned}
M_1 \cdot x_1 \equiv 1 \pmod{2} &\Longrightarrow 15 \cdot x_1 \equiv 1 \pmod{2} \\
&\Longrightarrow x_1 \equiv 1 \pmod{2} \\
M_2 \cdot x_2 \equiv 1 \pmod{3} &\Longrightarrow 10 \cdot x_2 \equiv 1 \pmod{3} \\
&\Longrightarrow x_2 \equiv 1 \pmod{3} \\
M_3 \cdot x_3 \equiv 1 \pmod{5} &\Longrightarrow 6 \cdot x_3 \equiv 1 \pmod{5} \\
&\Longrightarrow x_3 \equiv 1 \pmod{5}
\end{aligned}$$

Segue que:

$$x = 1 \cdot 15 \cdot 1 + 2 \cdot 10 \cdot 1 + 3 \cdot 6 \cdot 1 = 53 \equiv 23 \pmod{30}.$$

Portanto,

$$\begin{aligned}
x \equiv 23 \pmod{30} &\Longleftrightarrow 30 \mid x - 23 \\
&\Longleftrightarrow x - 23 = 30t,\ t \in \mathbb{Z} \\
&\Longleftrightarrow x = 30t + 23,\ t \in \mathbb{Z}
\end{aligned}$$

$$S = \{x \in \mathbb{Z} \mid x = 30t + 23, t \in \mathbb{Z}\}.$$

■

Exemplo 3.16. *Resolva o seguinte sistema de congruências*

$$\begin{cases} x \equiv 3 \ (mod\ 5) \\ x \equiv 4 \ (mod\ 11) \\ x \equiv 6 \ (mod\ 14) \end{cases}$$

Solução: Pelo TCR a solução procurada é da forma:

$$x = 3 \cdot M_1 \cdot x_1 + 4 \cdot M_2 \cdot x_2 + 6 \cdot M_3 \cdot x_3 \pmod{5 \cdot 11 \cdot 14},$$

onde $M_1 = 11 \cdot 14 = 154, M_2 = 5 \cdot 14 = 70, M_3 = 5 \cdot 11 = 55$ e

$$\begin{aligned}
M_1 \cdot x_1 \equiv 1 \pmod{5} &\Longrightarrow 154 \cdot x_1 \equiv 1 \pmod{5} \\
&\Longrightarrow x_1 \equiv 4 \pmod{5} \\
M_2 \cdot x_2 \equiv 1 \pmod{11} &\Longrightarrow 70 \cdot x_2 \equiv 1 \pmod{11} \\
&\Longrightarrow x_2 \equiv 3 \pmod{11} \\
M_3 \cdot x_3 \equiv 1 \pmod{14} &\Longrightarrow 55 \cdot x_3 \equiv 1 \pmod{14} \\
&\Longrightarrow x_3 \equiv -1 \pmod{14}
\end{aligned}$$

Segue que:

$$x = 3 \cdot 154 \cdot 4 + 4 \cdot 70 \cdot 3 + 6 \cdot 55 \cdot (-1) = 2358 \equiv 48 \pmod{770}.$$

Portanto,

$$\begin{aligned}
x \equiv 48 \pmod{770} &\Longleftrightarrow 770 \mid x - 48 \\
&\Longleftrightarrow x - 48 = 770t,\ t \in \mathbb{Z} \\
&\Longleftrightarrow x = 770t + 48,\ t \in \mathbb{Z}
\end{aligned}$$

$$S = \{x \in \mathbb{Z} \mid x = 770t + 48, t \in \mathbb{Z}\}.$$

■

CAPÍTULO 4

RESOLUÇÃO DE PROBLEMAS - PARTE 2

Depois de passar por conceitos e resultados importantes apresentados no capítulo anterior sobre congruências, chegamos àquele que talvez seja o objetivo final deste trabalho: a resolução de problemas envolvendo congruências.

Seguindo o mesmo espírito do capítulo 2, traremos problemas de vários níveis de dificuldade, mas especialmente problemas que já figuraram em alguma olimpíada nacional ou internacional, com o objetivo de trazer ao leitor possíveis caminhos de resolução para problemas aparentemente complicados, a partir da teoria apresentada ao longo deste texto.

Como já temos mais ferramentas, certamente poderemos apresentar resoluções relativamente mais curtas àquelas vistas no outro capítulo de resoluções, muito embora não haja pretensão em afirmar que as soluções aqui apresentadas são as mais criativas, mas sim de propor soluções detalhadas e, em certa medida, de fácil compreensão, para problemas mais elaborados.

Problema 4.1. *Mostre que* $24 \mid p^2 - 1$, *se* p *é primo e maior que* 3.

Solução: Antes de "atacar" diretamente o problema, precisamos de um resultado auxiliar. *Se n é ímpar, $n > 3$, então $8 \mid n^2 - 1$.*

Com efeito, $n = 2k + 1$, com $k > 1$. Segue que

$$n^2 - 1 = (2k+1)^2 - 1 = 4k^2 + 4k + 1 - 1 = 4k(k+1) \quad \text{(I)}$$

Como o produto de dois números inteiros consecutivos é par (uma vez que um deles será múltiplo de 2), então $k(k+1) = 2m$ (II), $m \in \mathbb{N}$. Substituindo (II) em (I) temos: $n^2 - 1 = 8m \Rightarrow 8 \mid n^2 - 1$.

Como $p > 3$, primo, então p é ímpar e, pelo resultado anterior, $8 \mid p^2 - 1$. Vamos mostrar agora que $3 \mid p^2 - 1$, já que $24 = 3 \cdot 8$.

Note que $3 \nmid p$, pois p é primo maior que 3 e, portanto, $p \equiv 1$ ou $p \equiv 2 \pmod 3$. Segue daí que:

$$p^2 \equiv 1 \pmod 3 \text{ ou } p^2 \equiv 4 \equiv 1 \pmod 3.$$

Em qualquer caso, $3 \mid p^2 - 1$.

Assim, sendo $(3, 8) = 1$ e $3 \mid p^2 - 1$, $8 \mid p^2 - 1$, concluímos que $8 \cdot 3 = 24 \mid p^2 - 1$. (Consequência direta da Proposição 3.3, item (xii), do capítulo anterior).

■

Problema 4.2. *Qual o resto da divisão de $\sum_{i=1}^{2000} i^{2000}$ na divisão por 7?*

Solução: De forma mais expandida, o que desejamos fazer é determinar o resto da divisão de $1^{2000} + 2^{2000} + 3^{2000} + \cdots + 2000^{2000}$ por 7.

Como $7k \equiv 0 \pmod 7$, concluímos que $i \equiv i + 7k \pmod 7$, para todo inteiro k. Juntando isso à Proposição 3.3, item (v), notamos que $i^{2000} \equiv (i+7k)^{2000} \pmod 7$, assim podemos simplificar o problema descobrindo qual inteiro a satisfaz a congruência:

$$1^{2000} + 2^{2000} + 3^{2000} + 4^{2000} + 5^{2000} + 6^{2000} + 7^{2000} \equiv a \pmod 7$$

Uma importante técnica em congruências é descobrir qual potência de determinado inteiro deixa resto 1 na divisão pelo número pretendido. Em nosso caso, note que $2^3 = 8 \equiv 1 \pmod 7$. Agora, aplicando a Proposição 3.3, itens (iv) e (v), temos:

$$2^{3k} \equiv 1 \pmod 7 \Rightarrow 2^{3k+1} \equiv 2 \pmod 7 \Rightarrow 2^{3k+2} \equiv 4 \pmod 7 \ (*)$$

Além disso, sabemos que $3 \equiv -4 \pmod 7$, $5 \equiv -2 \pmod 7$ e $6 \equiv -1 \pmod 7$. Usando essas congruências e a última de $(*)$, sendo que $2\,000 = 3 \times 666 + 2 = 3j + 2$ é par, temos:

$$1^{2000} + 2^{2000} + 3^{2000} + 4^{2000} + 5^{2000} + 6^{2000} + 7^{2000} \equiv a \pmod 7 \Longrightarrow$$
$$1^{2000} + 2^{2000} + (-4)^{2000} + 4^{2000} + (-2)^{2000} + (-1)^{2000} + 0^{2000} \equiv a \pmod 7$$
$$\Longrightarrow 1^{2000} + 2^{2000} + 2^{4000} + 2^{4000} + 2^{2000} + 1^{2000} + 0^{2000} \equiv$$
$$1 + 4 + 2 + 2 + 4 + 1 + 0 \pmod 7 \Longrightarrow a \equiv 0 \pmod 7$$

Observe que $4\,000 = 3 \times 1\,333 + 1$ e, assim, substituímos $2^{4000} = 2^{3i+1}$ por 2. Além disso os termos negativos ficaram positivos pois o expoente é par.

Dessa forma, concluímos que dentre os $2\,000$ naturais consecutivos, podemos formar 285 grupos (pois $2\,000 = 285 \times 7 + 5$) de 7 números consecutivos cuja soma é múltipla de 7, em virtude de $a \equiv 0 \pmod 7$. Analisando os cinco números restantes na soma, observamos que:

$$\begin{aligned}
1996 \equiv 1 \pmod 7 &\Longrightarrow 1996^{2000} \equiv 1 \pmod 7\\
1997 \equiv 2 \pmod 7 &\Longrightarrow 1997^{2000} \equiv 2^{2000} \equiv 4 \pmod 7\\
1998 \equiv 3 \pmod 7 &\Longrightarrow 1998^{2000} \equiv (-4)^{2000} \equiv 2 \pmod 7\\
1999 \equiv 4 \pmod 7 &\Longrightarrow 1999^{2000} \equiv 4^{2000} \equiv 2 \pmod 7\\
2000 \equiv 5 \pmod 7 &\Longrightarrow 2000^{2000} \equiv (-2)^{2000} \equiv 4 \pmod 7
\end{aligned}$$

Somando, membro a membro, às últimas congruências, obtemos:

$$\begin{aligned}
1996^{2000} + 1997^{2000} + \cdots + 2000^{2000} &\equiv 1 + 4 + 2 + 2 + 4 \pmod 7\\
&\equiv 6 \pmod 7
\end{aligned}$$

Portanto, o resto de $\sum_{i=1}^{2000} i^{2000}$ na divisão por 7 é igual a 6.

■

Problema 4.3. *Prove que* $5 \mid n^5 + 4n$, *para todo* $n \in \mathbb{N}$.

Solução: Este problema pode ser resolvido por indução em $\mathbb{N}$, contudo preferimos aplicar os conceitos e propriedades das congruências para resolvê-lo.

Reescrevendo $n^5 + 4n = n(n^4 + 4)$, a expressão é divisível por 5 se $n \equiv 0 \pmod 5$.

Se $n \not\equiv 0 \pmod 5$, então $n \equiv 1, 2, 3, 4 \pmod 5$. Vamos analisar caso a caso.

Se $n \equiv 1 (\text{mod } 5)$, então $n^4 + 4 \equiv 5 \equiv 0 (\text{mod } 5)$.

Se $n \equiv 2 (\text{mod } 5)$, então $n^4 + 4 \equiv 20 \equiv 0 (\text{mod } 5)$.

Se $n \equiv 3 (\text{mod } 5)$, então $n^4 + 4 \equiv 85 \equiv 0 (\text{mod } 5)$.

Se $n \equiv 4 (\text{mod } 5)$, então $n^4 + 4 \equiv 260 \equiv 0 (\text{mod } 5)$.

Note que para obtermos as implicações acima utilizamos o encadeamento dos itens (i) e (v) da Proposição 3.3 do capítulo anterior.

Portanto, em qualquer caso, $n^5 + n \equiv 0 \pmod 5$, ou seja $5 \mid n^5 + n, \forall n \in \mathbb{N}$.

■

Problema 4.4. *Encontre todos os* $n \in \mathbb{N}$ *tais que* $3 \mid n2^n + 1$.

Solução: Observe que n não pode ser múltiplo de 3, dado que $n2^n$ também o seria e, consequentemente, sobraria 1 na divisão de $n2^n + 1$ por 3.

Assim, n deve ser da forma $6k + 1$, $6k + 2$, $6k + 4$ ou $6k + 5$, $k \in \mathbb{N} \cup \{0\}$.

Se $n = 6k + 1$, então, como $2^6 \equiv 1 \pmod 3$, teremos:

$$\begin{aligned} n2^n + 1 = (6k + 1) \cdot 2^{6k+1} + 1 &= (6k + 1) \cdot (2^6)^k \cdot 2 + 1 \\ &\equiv 1 \cdot 2 + 1 \equiv 0 \pmod 3. \end{aligned}$$

Nesse caso, portanto, $3 \mid n2^n + 1$.

Se $n = 6k + 2$, então:

$$n2^n + 1 \equiv 2 \cdot (2^6)^k \cdot 2^2 + 1 \equiv 8 + 1 \equiv 0 \pmod{3}.$$

Novamente, $3 \mid n2^n + 1$.

Se $n = 6k + 4$, então:

$$n2^n + 1 \equiv 1 \cdot (2^6)^k \cdot 2^4 + 1 \equiv 2^4 + 1 \equiv 2 \pmod{3}.$$

Se $n = 6k + 5$, então:

$$n2^n + 1 \equiv 2 \cdot (2^6)^k \cdot 2^5 + 1 \equiv 2^6 + 1 \equiv 2 \pmod{3}.$$

Portanto, $3 \mid n2^n + 1$ se, e somente se, n é da forma $6k + 1$ ou $6k + 2$, $k \in \mathbb{N} \cup \{0\}$.

■

Problema 4.5. *Sejam* $A = \{a_1, a_2, \ldots, a_{101}\}$ *e* $B = \{b_1, b_2, \ldots, b_{101}\}$ *sistemas completos de resto módulo* 101. *Verifique se o conjunto* $\{a_1b_1, a_2b_2, \ldots, a_{101}b_{101}\}$ *também é um sistema completo de restos.*

Solução: Vamos supor que $S = \{a_1b_1, a_2b_2, \ldots, a_{101}b_{101}\}$ é um sistema completo de restos módulo 101. Sem perda de generalidade, seja $a_{101} \equiv 0 \pmod{101}$. Então $b_{101} \equiv 0 \pmod{101}$, porque se qualquer outro b_j fosse congruente a 0 módulo 101, então $a_jb_j \equiv a_{101}b_{101} \equiv 0 \pmod{101}$, uma contradição, já que os elementos de S são incongruentes entre si, como consequência da própria definição de SCR.

Pelo Teorema de Wilson e do fato de que ambos os conjuntos A e B são congruentes aos elementos do conjunto $C = \{0, 1, \ldots, 100\}$, tomados numa certa ordem (Corolário 3.1), concluímos que:

$$a_1a_2 \cdots a_{100} \equiv b_1b_2 \cdots b_{100} \equiv (101 - 1)! \equiv -1 \pmod{101}.$$

Disto, podemos obter o seguinte sistema:

$$\begin{cases} a_1a_2 \cdots a_{100} \equiv -1 \pmod{101} \\ b_1b_2 \cdots b_{100} \equiv -1 \pmod{101} \end{cases}$$

Multiplicando membro a membro no sistema de congruências e reordenando, obtemos:

$$a_1b_1a_2b_2\cdots a_{100}b_{100} \equiv 1 \pmod{101}.$$

Mas $a_{101}b_{101} \equiv 0 \pmod{101}$, e como supomos que S é um SCR, do Teorema de Wilson e do Corolário 3.1, devemos ter

$$(a_1b_1)(a_2b_2)\cdots(a_{100}b_{100}) \equiv 100! \equiv -1 \pmod{101},$$

obtendo, portanto, uma contradição. Logo o conjunto $S = \{a_1b_1, a_2b_2, \ldots, a_{101}b_{101}\}$ não é um SCR.

■

Problema 4.6 (Estados Unidos). *Prove que a equação*

$$x_1^4 + x_2^4 + x_3^4 + \cdots + x_{14}^4 = 15999$$

não possui soluções inteiras.

Solução: Vamos analisar a equação dada módulo 16. Sabemos da Proposição 3.5, item (iii), que $a^4 \equiv 0$ ou $1 \pmod{16}$, assim no caso em que todos os x_i^4, com $i = 1, 2, \ldots, 14$, forem congruentes a 1, teremos:

$$\underbrace{1 + 1 + \cdots + 1}_{14 \text{ vezes}} = 14 \equiv 15 \pmod{16},$$

o que é um absurdo. Caso tenhamos alguma das parcelas da soma congruente a 0, teríamos um valor menor ainda que 14 para a soma, qualquer uma delas incongruente a 15 módulo 16, já que, em decorrência do Teorema 3.1, o conjunto $\{0, 1, 2, \ldots, 15\}$ é um SCR módulo 16.

Portanto, não há inteiros que satisfaçam a equação dada.

■

Problema 4.7. *Se* $N = 1\underbrace{000\ldots000}_{k \text{ zeros}}1$ *é tal que* N^3 *possui* $2\,005$ *algarismos, determine o resto da divisão de* N *por* 13.

Solução: Vamos reescrever o número N na forma de potência. Podemos escrever N como sendo $N = 10^{(k+1)}+1$. Elevando agora N ao cubo, teremos:

$$N^3 = (10^{(k+1)} + 1)^3 = \underbrace{10^{3k+3}}_{a} + \underbrace{3 \cdot 10^{2k+2} + 3 \cdot 10^{k+1} + 1}_{b}$$

Notamos que N^3 tem apenas $3k + 3 + 1$ algarismos, pois o valor de a é igual ao algarismo 1 seguido de $3k + 3$ zeros. Veja que a soma b tem potências de 10 muito menores, portanto não acrescentarão algarismos em N^3, apenas aumentarão seu valor.

Por hipótese N^3 tem 2 005 algarismos, assim $2\,005 = 3k + 4 \Rightarrow k = 667$.

Agora sabemos que N possui 667 algarismos iguais a zero e podemos escrever

$$N = 10^{668} + 1.$$

Como $(10, 13) = 1$, pelo Teorema de Fermat, concluímos que $10^{12} \equiv 1 \pmod{13}$. Aplicando a Proposição 3.3, item (v), obtemos:

$$(10^{12})^{55} \equiv 1 \pmod{13} \Longrightarrow 10^{660} \equiv 1 \pmod{13}\ (*)$$

Sabemos que $10^4 \equiv 3 \pmod{13}$, basta efetuar uma divisão euclidiana. Disto, obtemos $10^8 \equiv 9 \pmod{13}$ $(**)$, elevando ambos os membros da congruência ao quadrado.

Multiplicando as congruências $(*)$ e $(**)$, pela Proposição 3.3, itens (i) e (iv), concluímos que:

$$10^{668} \equiv 9 \pmod{13} \Longrightarrow N = 10^{668} + 1 \equiv 10 \pmod{13}.$$

Portando, N deixa resto igual a 10 na divisão por 13.

■

Problema 4.8. *Tome p um número primo da forma $p = 3k + 2$ que divide $a^2 + ab + b^2$ para alguns inteiros a e b. Prove que $p \mid a$ e $p \mid b$.*

Solução: Resolvamos este problema por contradição. Comecemos supondo que p não divide a. Por hipótese, sabemos que $p \mid a^2 + ab + b^2$, o que significa que p também divide qualquer múltiplo de $a^2 + ab + b^2$, em particular $p \mid (a-b)(a^2+ab+b^2) = a^3 - b^3$. Por este fato e pela Proposição 3.3, item (v), segue que:

$$a^3 \equiv b^3 \pmod{p} \Longrightarrow a^{3k} \equiv b^{3k} \pmod{p} \ (*)$$

Com isso, descobrimos que $p \nmid b$, caso contrário $a^3 \equiv b^3 \equiv 0 \pmod{p}$, o que contraria nossa suposição de que $p \nmid a$. Note que podemos aplicar o Teorema de Fermat, pois temos p um inteiro primo e $p \nmid a$, então $(a,p) = 1$, e o mesmo ocorre para b. Logo,

$$a^{p-1} \equiv b^{p-1} \equiv 1 \pmod{p}$$

Por hipótese temos que $p = 3k + 2$. Substituindo na congruência anterior obtemos:

$$a^{3k+1} \equiv b^{3k+1} (\text{mod } p) \Longrightarrow a^{3k} \cdot a \equiv b^{3k} \cdot b \pmod{p} \ (**)$$

Por $(*)$, a^{3k} e b^{3k} são equivalentes módulo p e como a e p são relativamente primos, podemos "cancelar" os termos a^{3k} e b^{3k} em $(**)$, resultando em $a \equiv b \pmod{p}$. Além disto, sabemos que $a^2 + ab + b^2 \equiv 0 \pmod{p}$. Como a e b são equivalentes, substituindo b por a nesta última congruência, obtemos $a^2 + a^2 + a^2 = 3a^2 \equiv 0 \pmod{p}$. Como $p \neq 3$, pois não existe k inteiro tal que $3k + 2 = 3$, devemos ter obrigatoriamente $p \mid a$, o que é uma contradição.

Portanto, $p \mid a$ e consequentemente, $p \mid b$.

∎

Problema 4.9 (IMO 1962). *Encontre o menor inteiro positivo n satisfazendo as duas condições a seguir:*

(a) o último algarismo da representação decimal de n é 6;

(b) se apagarmos o algarismo 6 do final de n e o escrevermos imediata-

mente à esquerda do primeiro algarismo do número que ficou, obtemos o número $4n$.

Solução: De acordo com o item (a) do enunciado, podemos representar o inteiro n procurado da seguinte forma:

$$\begin{aligned} n = a_k a_{k-1} a_{k-2} \cdots a_1 a_0 &= 10^k a_k + 10^{k-1} a_{k-1} + \cdots + 10a_1 + 6 \\ &= 10(10^{k-1} a_k + 10^{k-2} a_{k-1} + \cdots + 10a_2 + a_1) + 6 \\ &= 10 \underbrace{(a_k a_{k-1} a_{k-2} \cdots a_1)}_{N} + 6 \\ &= 10N + 6 \end{aligned}$$

Do item (b), podemos escrever:

$$4 \cdot (10N + 6) = 6 \cdot 10^k + N \ (*)$$

Observe que o algarismo 6, no número reordenado, ocupa a ordem onde anteriormente estava o termo a_k e o restante do número permanece inalterado (excluindo o algarismo 6 das unidades), por isso somamos N à $6 \cdot 10^k$. Resolvendo a equação $(*)$, obtemos:

$$39N = 6 \cdot 10^k - 24 \Longleftrightarrow 13N = 2 \cdot (10^k - 4) \ (**)$$

Como $2 \cdot (10^k - 4)$ é múltiplo de 13 e $(2, 13) = 1$, devemos ter obrigatoriamente $13 \mid 10^k - 4$, mas isso é o mesmo que escrever $10^k \equiv 4 \pmod{13}$. Como $10 \equiv -3 \pmod{13}$, é mais conveniente fazer:

$$(-3)^k \equiv 4 \pmod{13}.$$

Pelas condições dadas nos problemas, queremos saber o menor inteiro k que satisfaz as condições exigidas. Fazendo uma análise caso a caso, temos o seguinte:

$$(-3)^2 \equiv 9 \pmod{13}, \quad (-3)^3 \equiv -27 \equiv -1 \pmod{13}$$

$$(-3)^5 = (-3)^2 \cdot (-3)^3 \equiv -9 \equiv 4 \pmod{13}$$

Dessa forma, podemos afirmar que o menor inteiro positivo que satisfaz a equação é $k = 5$. Substituindo em $(**)$, obtemos:

$$13N = 2(10^5 - 4) \Rightarrow 13N = 2 \times 99\,996 \Rightarrow N = \frac{199\,992}{13} = 15\,384$$

Mas procuramos o inteiro $n = 10N + 6$. Portanto,

$$n = 10 \times 15\,384 + 6 = 153\,846.$$

■

Problema 4.10. *Sejam x, y, z inteiros tais que $S = x^4 + y^4 + z^4$ é divisível por 29. Mostre que S é divisível por 29^4.*

Solução: Para todo n inteiro, podemos afirmar, pela Proposição 3.4, item (ii), que:

$$n \equiv 0, \pm 1, \pm 2, \pm 3, \ldots, \pm 14 \pmod{29}$$

Como as parcelas da soma S estão elevadas à quarta potência, vamos elevar os membros da congruência ao quadrado duas vezes, já que a Proposição 3.3, item (v), garante a equivalência.

$$\begin{aligned} n^2 &\equiv 0, 1, 4, 9, 16, 25, 36, 49, 64, 81, 100, 121, 144, 169, 196 \pmod{29} \\ &\equiv 0, 1, 4, 9, -13, -4, 7, -9, 6, -6, 13, 5, -1, -5, -7 \pmod{29} \\ &\equiv 0, \pm 1, \pm 4, \pm 5, \pm 6, \pm 7, \pm 9, \pm 13 \pmod{29} \end{aligned}$$

Elevando ao quadrado a última equivalência obtida, teremos:

$$\begin{aligned} n^4 &\equiv 0, 1, 16, 25, 36, 49, 81, 169 \pmod{29} \\ &\equiv 0, 1, -13, -4, 7, -9, -6, -5 \pmod{29} \end{aligned}$$

Note, para termos $29 \mid S$ deveríamos ter a soma dos resíduos igual a 0 ou um múltiplo de 29. No conjunto de resíduos $\{0, 1, -13, -4, 7, -9, -6, -5\}$

não há três cuja soma seja zero e o maior em módulo que podemos obter é $|(-13) + (-9) + (-6)| = |-28| = 28$, que não é múltiplo de 29. Daí, podemos concluir que a única maneira de termos $29 \mid x^4 + y^4 + z^4$ é sendo $x, y, z \equiv 0 \pmod{29}$. Mas isto é o mesmo que escrever:

$$\begin{cases} 29k_1 = x \Rightarrow 29^4 k_1^4 = x^4 \\ 29k_2 = y \Rightarrow 29^4 k_2^4 = y^4 \\ 29k_3 = z \Rightarrow 29^4 k_3^4 = z^4 \end{cases}$$

Somando as três equações, concluímos que:

$$29^4 \underbrace{(k_1^4 + k_2^4 + k_3^4)}_{K \text{ inteiro}} = x^4 + y^4 + z^4 \Longrightarrow 29^4 K = x^4 + y^4 + z^4 \Longrightarrow 29^4 \mid S.$$

■

Problema 4.11 (IMO 2003 shortlist). *Qual é o menor inteiro positivo t tal que existem inteiros $x_1, x_2, \ldots, x_t$ sendo*

$$x_1^3 + x_2^3 + \cdots + x_t^3 = 2002^{2002}?$$

Solução: Como as parcelas da equação dada são cubos de inteiros, vamos analisar a equação dada módulo 9. Antes disso, vamos verificar que, dado um inteiro a qualquer, vale: $a^3 \equiv -1, 0, 1 \pmod 9$.

Dado um inteiro a, pela Proposição 3.4, item (v), podemos escrever:

$$a \equiv 0, \pm 1, \pm 2, \pm 3, \pm 4 \pmod 9$$

Elevando a congruência anterior ao cubo, teremos:

$$\begin{aligned} a^3 &\equiv 0, -1, 1, -8, 8, -27, 27, -64, 64 \pmod 9 \\ &\equiv 0, -1, 1, 1, -1, 0, 0, -1, 1 \pmod 9 \\ &\equiv -1, 0, 1 \pmod 9 \end{aligned}$$

Portanto, verificamos rapidamente que $a^3 \equiv -1, 0, 1 \pmod 9$, com $a \in \mathbb{Z}$.

Como o primeiro membro da equação dada possui um número t ainda indefinido de parcelas, analisemos o segundo membro para encontrar um valor mínimo para t.

Sabemos que $2002 \equiv 4 \pmod 9$ e $64 \equiv 1 \pmod 9$, então:

$$2002^{2002} \equiv 4^{2002} = 4 \cdot 64^{667} \equiv 4 \pmod 9.$$

Isto significa que devem haver ao menos quatro termos x_i^3 $(i = 1, 2, \ldots, t)$, já que, como provamos acima, o maior resto possível módulo 9 para x_i^3 é 1. Dessa forma, $t \geq 4$.

Podemos ainda exibir uma solução para a equação dada. Observe que:

$$2002^{2002} = 2002 \cdot (2002^{667})^3 = (10^3 + 10^3 + 1 + 1) \cdot (2002^{667})^3,$$

que é uma solução da equação dada para $t = 4$, onde $x_1 = x_2 = 10 \times 2002^{667}$ e $x_3 = x_4 = 2002^{667}$.

Portanto, o menor inteiro t que satisfaz a equação dada é $t = 4$.

■

Problema 4.12 (IMO 2005). *Considere a sequência $a_1, a_2, \ldots$ definida por*

$$a_n = 2^n + 3^n + 6^n - 1$$

para todo inteiro positivo n. Determine todos os inteiros positivos que são relativamente primos com todos os termos da sequência.

Solução: O que precisamos encontrar nesse problema são inteiros x, de forma que $(x, a_n) = 1$, para todo $n \in \{1, 2, 3, \ldots\}$. Mas podemos reduzir esse problema a encontrar os números primos p, tais que p seja relativamente primo com todos os elementos da sequência. Certamente isso é válido pois um inteiro qualquer x pode ser escrito como produto de números primos. Com isso, nosso problema fica mais restrito, e daí temos que encontrar primos p tais que

$(p, a_n) = 1$, para todo $n \in \{1, 2, 3, \dots\}$. Considere o segundo termo dessa sequência:

$$a_2 = 2^2 + 3^2 + 6^2 - 1 = 4 + 9 + 36 - 1 = 48.$$

Note que, para $p = 2$ e $p = 3$, temos $p \mid a_2$. Isto significa que múltiplos de 2 ou de 3 não serão coprimos com todos os elementos da sequência, já que $a_2 = 48$ é divisível por ambos.

Seja agora $p \geq 5$. Pelo Teorema 3.4 (Fermat), podemos escrever:

$$\begin{cases} 2^{p-1} \equiv 1 \pmod{p} \Rightarrow 3 \cdot 2^{p-1} \equiv 3 \pmod{p}, \\ 3^{p-1} \equiv 1 \pmod{p} \Rightarrow 2 \cdot 3^{p-1} \equiv 2 \pmod{p} \\ 6^{p-1} \equiv 1 \pmod{p} \end{cases}$$

Daí, concluímos a seguinte congruência:

$$3 \cdot 2^{p-1} + 2 \cdot 3^{p-1} + 6^{p-1} \equiv 3 + 2 + 1 \pmod{p}$$

Podemos reescrever a equivalência acima como sendo

$$6 \cdot (2^{p-2} + 3^{p-2} + 6^{p-2}) \equiv 6 \pmod{p} \Longrightarrow 6 \cdot (2^{p-2} + 3^{p-2} + 6^{p-2} - 1) \equiv 0 \pmod{p}$$

Observe que a expressão entre parênteses é o termo a_{p-2} da sequência. Ou seja, obtemos que $6a_{p-2}$ é divisível por p. Como supomos $p \geq 5$, temos $(6, p) = 1$ e, consequentemente, $p \mid a_{p-2}$. Ou seja, para qualquer primo p maior que 5, conseguimos obter um termo na sequência (especificamente a_{p-2}) tal que $(p, a_{p-2}) = p$. Assim, não há inteiros positivos maiores ou iguais a 2 tais que $(x, a_n) = (p, a_n) = 1$, com $n = 1, 2, 3, \dots$

Portanto, o único inteiro positivo que é coprimo com todos os termos de (a_n) é o número 1.

■

Problema 4.13 (Austrália). *Prove que para cada primo p, a diferença* $111\dots11222\dots22333\dots33 \cdots 888\dots88999\dots99 - 123456789$ *(onde cada dígito aparece exatamente p vezes) é múltiplo de p.*

Solução: Para ajudar a aplicar o Teorema de Fermat a esse problema, vamos lembrar que podemos escrever um número formado apenas com uma quantidade finita de dígitos iguais a "1" da seguinte forma, utilizada para demonstração do Teorema 1.6:

$$\underbrace{111\ldots11}_{p-\text{uns}} = \frac{10^p - 1}{9}$$

Para reduzir a demonstração, denotemos

$$T = 11\ldots1122\ldots2233\ldots33\cdots88\ldots8899\ldots99.$$

Como os algarismos iguais se repetem p vezes, note que a ordem (ou posição), da direita para a esquerda, do primeiro algarismo "8" é $p+1$ e do último é $2p$. Fazendo isso até chegar no primeiro algarismo igual a "1", notamos que sua ordem é $8p+1$, enquanto do último algarismo "1" é $9p$.

Compreendendo dessa forma, podemos reescrever o número representado por T da seguinte maneira:

$$T = \frac{10^p - 1}{9} \cdot 10^{8p} + 2 \cdot \frac{10^p - 1}{9} \cdot 10^{7p} + \cdots + 9 \cdot \frac{10^p - 1}{9} \Longrightarrow$$
$$9T = (10^p - 1) \cdot 10^{8p} + 2 \cdot (10^p - 1) \cdot 10^{7p} + \cdots + 9 \cdot (10^p - 1)\ (*)$$

Note que, para $p = 2$, $p = 3$ ou $p = 5$, o resultado segue dos critérios de divisibilidade por 2, 3 e 5, respectivamente. Observe:

- Se $p = 2$, então a diferença será:

$$112233445566778899 - 123456789$$

Uma diferença entre números ímpares dá como resultado um inteiro par, logo 2 divide essa diferença.

- Se $p = 3$, então a diferença será:

$$111222333444555666777888999 - 123456789$$

Tanto o minuendo como o subtraendo são múltiplos de 3 (basta observar a soma de seus algarismos). Assim a diferença também será um múltiplo de 3.

- Se $p = 5$, evidentemente o resultado também vale, uma vez que ambos os inteiros na diferença terminam em 9, o que faz com que ela termine em 0. Logo, 5 divide a diferença.

Desse modo, vamos provar que o resultado vale para um primo $p \geq 7$. Vamos analisar a expressão do valor de $9T$ módulo p para provar a divisibilidade que queremos. Pelo Pequeno Teorema de Fermat, sabemos que $10^p \equiv 10 \pmod{p}$. Tomando a expressão $(*)$ e aplicando esse teorema, temos:

$$\begin{aligned} 9T &= (10^p - 1) \cdot 10^{8p} + 2 \cdot (10^p - 1) \cdot 10^{7p} + \cdots + 9 \cdot (10^p - 1) \\ &\equiv (10 - 1) \cdot 10^8 + 2 \cdot (10 - 1) \cdot 10^7 + \cdots + 9 \cdot (10 - 1) \pmod{p} \\ &\equiv 9 \cdot 10^8 + 9 \cdot 2 \cdot 10^7 + \cdots + 9 \cdot 9 \pmod{p} \\ &= 9 \cdot (10^8 + 2 \cdot 10^7 + 3 \cdot 10^6 + \cdots + 9) \pmod{p} \\ &= 9 \cdot 123456789 \pmod{p}. \end{aligned}$$

Como $9T \equiv 9 \cdot 123456789 \pmod{p}$ e $(p, 9) = 1$, pela Proposição 3.3, item (vii), podemos "cancelar" o fator 9 e ficamos com

$$T \equiv 123456789 \pmod{p} \Longrightarrow T - 123456789 \equiv 0 \pmod{p}$$

Portanto, $p \mid T - 123456789$.

■

Problema 4.14 (OBM 1991)**.** *Prove que existe um inteiro $k > 2$ tal que o número $1\underbrace{99\ldots9}_{k}1$ é um múltiplo de 1991.*

Solução: Para iniciar a resolução deste problema precisamos de uma manipulação algébrica conveniente. Observe que podemos reescrever o número com k dígitos iguais a 9 da seguinte maneira:

$$1\underbrace{99\ldots9}_{k}1 = 2 \cdot 10^{k+1} - 9$$

De sorte que precisamos encontrar o inteiro $k > 2$ tal que

$$\begin{aligned} 1991 \mid 2 \cdot 10^{k+1} - 9 &\Longrightarrow 2 \cdot 10^{k+1} - 9 \equiv 0 \pmod{1991} \\ &\Longrightarrow 2 \cdot 10^{k+1} \equiv 9 \pmod{1991} \end{aligned}$$

Contudo, observe que $1991 = 2000 - 9 = 2 \cdot 10^3 - 9$, o que nos leva a ter $2 \cdot 10^3 \equiv 9 \pmod{1991}$, sendo esse o caso $k = 2$ que não queremos, mas podemos utilizar. Pela transitividade das congruências e pela Proposição 3.3, item (vii), obtemos:

$$\begin{aligned} 2 \cdot 10^{k+1} \equiv 9 \pmod{1991} &\Longleftrightarrow 2 \cdot 10^{k+1} \equiv 2 \cdot 10^3 \pmod{1991} \\ &\Longleftrightarrow 10^{k-2} \cdot 10^3 \equiv 10^3 \pmod{1991} \\ &\Longleftrightarrow 10^{k-2} \equiv 1 \pmod{1991} \end{aligned}$$

Agora basta encontrarmos que valores para o expoente $k - 2$ satisfazem a congruência acima. Vamos utilizar o teorema de Euler. Veja que $1991 = 11 \times 181$, e ambos os fatores são números primos. Assim, pelo Teorema 3.6 e Proposição 3.8, podemos escrever:

$$\phi(1991) = \phi(11) \cdot \phi(181) = 10 \times 180 = 1800.$$

Logo, como $(10, 1991) = 1$, segue do Teorema de Euler que $10^{\phi(1991)} = 10^{1800} \equiv 1 \pmod{1991}$. Portanto, basta tomarmos $k - 2 = 1800 \Rightarrow k = 1802$.

Observação: note que podemos encontrar outros números satisfazendo o enunciado. Basta elevar ambos os membros de $10^{1800} \equiv 1 \pmod{1991}$ a um inteiro t, que teríamos uma quantidade infinita de inteiros k em função de t, por transitividade com a equivalência $10^{k-2} \equiv 1 \pmod{1991}$.

■

Problema 4.15. *Encontre os últimos dois dígitos do número* $7^{7^{1000}}$.

Solução: Atente para o fato de que precisamos encontrar os dois últimos algarismos do número indicado no enunciado. Isso é o mesmo que determinar o resto da divisão deste número por 100. Para facilitar a resolução deste problema vamos utilizar a função de Euler. Pelo Teorema 3.7, segue que:

$$\phi(100) = \phi(2^2 \cdot 5^2) = 100 \cdot \left(1 - \frac{1}{2}\right) \cdot \left(1 - \frac{1}{5}\right) = 100 \cdot \frac{1}{2} \cdot \frac{4}{5} = 40.$$

Assim, pelo Teorema de Euler, obtemos o seguinte resultado:

$$7^{40} \equiv 1 \pmod{100} \ (*)$$

Agora, note que

$$\phi(40) = \phi(2^3 \cdot 5) = 40 \cdot \left(1 - \frac{1}{2}\right) \cdot \left(1 - \frac{1}{5}\right) = 40 \cdot \frac{1}{2} \cdot \frac{4}{5} = 16.$$

E novamente pelo Teorema de Euler, obtemos $7^{16} \equiv 1 \pmod{40}$. Finalmente, pelo algoritmo da divisão, facilmente obtemos $1000 = 16 \times 62 + 8$ e isto significa que podemos escrever:

$$\begin{aligned} 7^{1000} = \left(7^{16}\right)^{62} \cdot 7^8 \equiv 1^{62} \cdot (7^4)^2 &\equiv (49 \times 49)^2 \pmod{40} \\ &\equiv (9 \times 9)^2 \pmod{40} \\ &\equiv 1^2 \pmod{40} \\ &\equiv 1 \pmod{40} \end{aligned}$$

Mas isso é o mesmo que escrever $40 \mid 7^{1000} - 1 \Leftrightarrow 40k + 1 = 7^{1000}$ $(**)$, para algum k inteiro.

Substituindo no número original, temos a partir de $(*)$ e $(**)$:

$$7^{7^{1000}} \equiv 7^{40k+1} \equiv 7 \cdot (7^{40})^k \equiv 7 \cdot 1^k \equiv 7 \pmod{100}$$

Portanto, os dois últimos algarismos do número $7^{7^{1000}}$ são 07.

■

Problema 4.16 (AIME 1983). *Seja* $a_n = 6^n + 8^n$. *Determine o resto da divisão de* a_{83} *por* 49.

Solução: Novamente vamos utilizar a função de Euler. Como queremos saber o resto por 49, então pela Proposição 3.9, notamos que $\phi(49) = \phi(7^2) = 7^1 \cdot (7-1) = 7 \times 6 = 42$. Daí, do Teorema de Euler (pois $(6,49) = (8,49) = 1$) e elevando os membros das congruências ao quadrado, segue que:

$$\begin{aligned} 6^{42} &\equiv 1 \pmod{49} \Longrightarrow 6^{84} \equiv 1 \pmod{49} \\ 8^{42} &\equiv 1 \pmod{49} \Longrightarrow 8^{84} \equiv 1 \pmod{49} \end{aligned}$$

Se o problema tratasse de a_{84} bastava somar as congruências acima. Como não é esse o caso, vamos escrever a_{83} como combinação linear das parcelas de a_{84}. Veja:

$$\begin{aligned} a_{83} = 6^{83} + 8^{83} &\equiv (6^{84})(6^{-1}) + (8^{84})(8^{-1}) \pmod{49} \\ &\equiv (6^{-1}) + (8^{-1}) \pmod{49} \end{aligned}$$

Agora devemos encontrar o resto que a expressão $(6^{-1}) + (8^{-1})$ deixa módulo 49. Para isso, vamos recorrer a algumas manipulações algébricas, para as quais precisamos recordar as propriedades relativas à potência com números inteiros:

$$\begin{aligned} (6^{-1}) + (8^{-1}) &\equiv (6+8) \cdot (6^{-1}) \cdot (8^{-1}) \pmod{49} \\ &\equiv 14 \cdot 48^{-1} \pmod{49} \\ &\equiv 14 \cdot (-1) \pmod{49} \\ &\equiv -14 \pmod{49} \\ &\equiv 35 \pmod{49} \end{aligned}$$

Portanto, o resto da divisão de a_{83} por 49 é igual a 35.

■

Problema 4.17 (PuMAC 2015). *Qual o menor inteiro positivo n tal que $20 \equiv n^{15}$ (mod 29)?*

Solução: Pelo Teorema de Fermat, pois 29 é um inteiro primo, temos o seguinte:

$$a^{28} \equiv 1 \pmod{29}, \quad \text{quando } 29 \nmid a \text{ e } a \text{ é inteiro positivo.}$$

Mas da congruência anterior podemos obter o seguinte:

$$\begin{aligned}(a^{14})^2 \equiv 1 \pmod{29} &\Longrightarrow a^{14} \equiv \pm 1 \pmod{29} \\ &\Longrightarrow a^{15} \equiv \pm a \pmod{29}\ (*),\end{aligned}$$

com a inteiro positivo.

Então, se $a^{15} \equiv 20 \pmod{29}$, por $(*)$ e transitividade das congruências segue que $\pm a \equiv 20 \pmod{29}$.

Note que, para termos resto 20 módulo 29, os menores valores que podemos ter são $-9 \equiv 20 \pmod{29}$, sendo este um inteiro negativo, ou o próprio número 20. Analisemos a partir desses dois casos primeiramente.

Em decorrência do Teorema de Fermat, sabemos que $9^{14} = 3^{28} \equiv 1 \pmod{29}$. Ou seja,

$$9^{14} \equiv 1 \pmod{29} \Longrightarrow 9^{15} \equiv 9 \pmod{29},$$

o que evidentemente não serve.

Vamos fazer agora $a = 20$. Como $49 \equiv 20 \pmod{29}$ e por Fermat, encontramos o seguinte:

$$20^{14} \equiv 49^{14} \equiv 7^{28} \equiv 1 \pmod{29}.$$

Portanto, como $20^{14} \equiv 1 \pmod{29} \Rightarrow 20^{15} \equiv 20 \pmod{29}$, o menor inteiro positivo que satisfaz a congruência é $n = 20$.

■

Problema 4.18. *Se m e n são inteiros positivos ímpares, qual será o resto da divisão do número $1^m + 2^m + \cdots + (n-1)^m$ por n?*

Solução: Para facilitar nosso raciocínio, disporemos as congruências em uma coluna e depois somaremos as equivalências. Lembre que, por hipótese, m e

n são ambos ímpares e as potências de base negativa e expoente ímpar permanecerão negativas. Utilizamos ainda duas propriedades básicas para obter as congruências: $a \equiv a \pmod{n} \Rightarrow a^m \equiv a^m \pmod{n}$ e $a \equiv a - n \pmod{n}$.

$$\begin{aligned}
1^m &\equiv 1 \pmod{n}\\
2^m &\equiv 2^m \pmod{n}\\
3^m &\equiv 3^m \pmod{n}\\
4^m &\equiv 4^m \pmod{n}\\
5^m &\equiv 5^m \pmod{n}\\
&\vdots\\
\left(\frac{n-5}{2}\right)^m &\equiv \left(\frac{n-5}{2}\right)^m \pmod{n}\\
\left(\frac{n-3}{2}\right)^m &\equiv \left(\frac{n-3}{2}\right)^m \pmod{n}\\
\left(\frac{n-1}{2}\right)^m &\equiv \left(\frac{n-1}{2}\right)^m \pmod{n}\\
\left(\frac{n+1}{2}\right)^m &\equiv \left(\frac{1-n}{2}\right)^m \equiv -\left(\frac{n-1}{2}\right)^m \pmod{n}\\
\left(\frac{n+3}{2}\right)^m &\equiv \left(\frac{3-n}{2}\right)^m \equiv -\left(\frac{n-3}{2}\right)^m \pmod{n}\\
\left(\frac{n+5}{2}\right)^m &\equiv \left(\frac{5-n}{2}\right)^m \equiv -\left(\frac{n-5}{2}\right)^m \pmod{n}\\
&\vdots\\
(n-5)^m &\equiv (-5)^m \equiv -5^m \pmod{n}\\
(n-4)^m &\equiv (-4)^m \equiv -4^m \pmod{n}\\
(n-3)^m &\equiv (-3)^m \equiv -3^m \pmod{n}\\
(n-2)^m &\equiv (-2)^m \equiv -2^m \pmod{n}\\
(n-1)^m &\equiv (-1)^m \equiv -1 \pmod{n}
\end{aligned}$$

Somando todos as congruências obtidas, membro a membro, temos:

$$\begin{aligned}
\sum_{i=2}^{n}(i-1)^m &\equiv 1 + 2^m + \cdots + \left(\frac{n-1}{2}\right)^m + \left[-\left(\frac{n+1}{2}\right)^m\right] \\
&+ \cdots + (-2^m) + (-1) \pmod{n} \\
&\equiv 1 + (-1) + 2^m + (-2^m) + \cdots + \left(\frac{n-1}{2}\right)^m \\
&+ \left[-\left(\frac{n+1}{2}\right)^m\right] \pmod{n} \\
&\equiv 0 \pmod{n}.
\end{aligned}$$

Portanto, o resto da divisão do número dado por n é zero.

■

Problema 4.19 (PuMAC 2014). *Qual o último dígito de* $17^{17^{17^{17}}}$ *?*

Solução: Sempre que precisamos verificar qual o último dígito de um número devemos encontrar qual seu resto na divisão por 10. Especificamente quando estamos tratando de um número com várias potências, recorreremos ao Teorema de Euler. Do Teorema 3.6 e da Proposição 3.8, segue que $\phi(10) = \phi(2 \cdot 5) = \phi(2) \cdot \phi(5) = 1 \times 4 = 4$. Como $(10, 17) = 1$, obtemos:

$$17^{\phi(10)} = 17^4 \equiv 1 \pmod{10} \Longrightarrow 17^{4t} \equiv 1 \pmod{10}. \ (*)$$

O expoente $4t$ representa o múltiplo de 4 mais próximo do expoente $17^{17^{17}}$. Desse modo, precisamos determinar qual o resto desse expoente módulo 4.

Já que $17 \equiv 1 \pmod{4}$, qualquer outra potência de 17 também será congruente a 1. Em particular, temos:

$$17^{17^{17}} \equiv 1 \pmod{4}.$$

Como o expoente $17^{17^{17}}$ deixa resto 1 na divisão por 4, o número $17^{17^{17^{17}}} = 17^{4t+1}$. Por $(*)$, obtemos o seguinte:

$$17^{4t} \cdot 17 \equiv 1 \cdot 17 \equiv 7 \pmod{10}$$

Portanto, o último algarismo na expansão decimal do número fornecido será 7.

■

Problema 4.20. *Determine o valor de d para que o número*

$$\underbrace{888\ldots88}_{50\ 8's}d\underbrace{999\ldots99}_{50\ 9's}$$

seja divisível por 7.

Solução: Sabemos que $10^3 \equiv -1 \pmod 7 \Rightarrow 10^6 \equiv 1 \pmod 7$. Isto significa que o número $10^6 - 1 = 999\,999$ é múltiplo de 7. Facilmente podemos escrever: $999\,999 = 9 \times 111\,111$. Já que $(7,9) = 1$, temos necessariamente que $7 \mid 111\,111$. Note que o mesmo ocorre para o número $888\,888$, pois é um múltiplo de $111\,111$. Assim, os números a e b também são múltiplos de 7, pois são somas de parcelas múltiplas de 7:

$$a = \sum_{i=0}^{7} 888\,888 \cdot 10^{6i} = \underbrace{888\ldots88}_{48\ 8\text{'s}} \quad \text{e} \quad b = \sum_{i=0}^{7} 999\,999 \cdot 10^{6i} = \underbrace{999\ldots99}_{48\ 9\text{'s}}$$

Reescrevendo o número estudado, obtemos o seguinte:

$$\underbrace{888\ldots88}_{50\ 8\text{'s}}d\underbrace{999\ldots99}_{50\ 9\text{'s}} = a \cdot 10^{53} + 88d99 \cdot 10^{48} + b$$

Já sabemos que a primeira e a última parcelas são divisíveis por 7. Assim, nosso número será divisível por 7 se, e somente se, $88d99$ também o for. Aplicando o resultado da seção 3.4, temos que o número

$$d99 - 88 = d11$$

deve ser divisível por 7. Testando os possíveis algarismos para d, vemos que $7 \mid 511$.

Portanto, $d = 5$.

■

Problema 4.21. *Encontre os três últimos dígitos de* $2003^{2002^{2001}}$.

Solução: Neste problema queremos saber os três últimos algarismos na expansão decimal de $2003^{2002^{2001}}$. Para isso, precisamos analisar o número módulo $1\,000$.

Como $2003 \equiv 3 \pmod{1000}$, segue que $2003^{2002^{2001}} \equiv 3^{2002^{2001}} \pmod{1000}$.

Novamente, será útil o Teorema de Euler para este caso. Pelo Teorema 3.7, obtemos o seguinte:

$$\phi(1000) = \phi(2^3 \cdot 5^3) = 1000 \cdot \left(1 - \frac{1}{2}\right) \cdot \left(1 - \frac{1}{5}\right) = 1000 \cdot \frac{1}{2} \cdot \frac{4}{5} = 400.$$

Como $(2003, 1000) = 1$, aplicando o Teorema de Euler, obtemos:

$$2003^{\phi(1000)} = 2003^{400} \equiv 1 \pmod{1000} \Rightarrow 3^{400t} \equiv 1 \pmod{1000}$$

O expoente $400t$ representa o múltiplo de 400 mais próximo do expoente 2002^{2001}. Desse modo, precisamos determinar qual o resto desse expoente módulo 400.

É fácil notar que $2002^{2001} \equiv 2^{2001} \pmod{400}$. No entanto, não podemos aplicar novamente o teorema de Euler pois $(2, 400) \neq 1$. Como $400 = 16 \cdot 25$ e $(25, 2) = 1$, vamos utilizar a congruência com 25, que auxiliará na resolução do problema.

Da Proposição 3.9, temos $\phi(25) = \phi(5^2) = 5 \times 4 = 20$. E, por Euler, segue que:

$$\begin{aligned}
2^{20} \equiv 1 \pmod{25} &\Rightarrow (2^{20})^{99} \equiv 1 \pmod{25} \\
&\Rightarrow 2^{1980} \equiv 1 \pmod{25} \\
&\Rightarrow 2^{1980} \cdot 2^{17} \equiv 1 \cdot 2^{17} \pmod{25} \\
&\Rightarrow 2^{1997} \equiv 2^{10} \cdot 2^{7} = 1024 \cdot 128 \equiv (-1) \cdot 3 \\
&\quad \equiv 22 \pmod{25}
\end{aligned}$$

Agora, pela Proposição 3.3, item (ix), se $2^{1997} \equiv x \pmod{25}$, então $2^{2001} \equiv 16x \pmod{400}$. Como nosso $x = 22$, substituindo na última congruência temos

$$2^{2001} \equiv 16 \times 22 \equiv 352 \pmod{400}.$$

Finalmente, fazendo as devidas substituições:

$$2003^{2002^{2001}} \equiv 3^{2002^{2001}} \equiv 3^{400t} \cdot 3^{352} \equiv 1 \cdot 3^{352} \equiv 9^{176} \pmod{1000}$$

Precisamos agora calcular o resto da divisão de 9^{176} por mil. Para isso, vamos utilizar o teorema do binômio, cuja demonstração pode ser encontrada em [10].

$$\begin{aligned} 9^{176} = (-1+10)^{176} &\equiv 1 - 176 \cdot 10 + \binom{176}{2} 10^2 \\ &= 1 - 1760 + 1540000 \pmod{1000} \\ &\equiv 1 - 760 = -759 \equiv 241 \pmod{1000} \end{aligned}$$

Portanto, os últimos três algarismos do número $2003^{2002^{2001}}$ são 241.

■

Problema 4.22 (PuMAC 2007). *Calcule os últimos* 3 *algarismos de* $2008^{2007^{2006^{\cdot^{\cdot^{\cdot^{2^1}}}}}}$.

Solução: Para determinar os três últimos algarismos precisamos analisar o número dado módulo 1 000. Sabemos que $1\ 000 = 8 \times 125$. Não é difícil perceber que:

$$a = 2008^{2007^{2006^{\cdot^{\cdot^{\cdot^{2^1}}}}}} \equiv 0 \pmod{8}.$$

Isso porque $2008 \equiv 0 \pmod{8}$ e, consequentemente, qualquer potência de 2008 também o será. Com isso, nosso problema se resume a determinar o resto na divisão por 125.

Calculando $\phi(125)$, pela Proposição 3.9 obtemos: $\phi(125) = \phi(5^3) = 5^2 \cdot 4 = 100$.

Por outro lado, como $(125, 2008) = 1$, pelo Teorema de Euler temos:

$$2008^{\phi(125)} = 2008^{100} \equiv 1 \pmod{125} \Longrightarrow 2008^{100t} \equiv 1 \pmod{125}\ (*)$$

O expoente $100t$ representa o múltiplo de 100 mais próximo do expoente $2007^{2006^{2005^{\cdot^{\cdot^{\cdot^{2^1}}}}}}$. Desse modo, precisamos determinar qual o resto desse expoente módulo 100.

É fácil perceber que $2007 \equiv 7 \pmod{100}$ e disto segue:

$$2007^{2006^{2005^{\cdot^{\cdot^{\cdot^{2^1}}}}}} \equiv 7^{2006^{2005^{\cdot^{\cdot^{\cdot^{2^1}}}}}} \pmod{100}$$

Observe que o expoente do inteiro 7 nada mais é do que o número 2006 multiplicado por ele mesmo uma quantidade finita de vezes, certamente multiplicado mais de duas vezes por ele mesmo. Assim, o expoente do 7 é múltiplo de 4 e, portanto, podemos obter:

$$7^{2006^{2005^{\cdot^{\cdot^{\cdot^{2^1}}}}}} \equiv (7^4)^a \equiv (2\,401)^a \equiv 1 \pmod{100}$$

Logo, por transitividade, $2007^{2006^{2005^{\cdot^{\cdot^{\cdot^{2^1}}}}}} \equiv 1 \pmod{100}$

Desse modo, por $(*)$ podemos agora escrever o seguinte:

$$a = 2008^{2007^{2006^{\cdot^{\cdot^{\cdot^{2^1}}}}}} = 2008^{100t} \cdot 2008^1 \equiv 1 \times 8 \equiv 8 \pmod{125}$$

Certamente $8 \mid a$, então pela Proposição 3.3, item (vii), temos: $(a/8) \equiv 1 \pmod{125}$. Do item (ix) da mesma proposição, segue:

$$a \equiv 8 \pmod{1000}$$

Portanto,

$$2008^{2007^{2006^{\cdot^{\cdot^{\cdot^{2^1}}}}}} \equiv 8 \pmod{1000}$$

e concluímos que os últimos três dígitos do número dado são 008.

■

Problema 4.23. *Mostrar que se p é um primo ímpar, então*

$$1^2 \times 3^2 \times 5^2 \times \cdots \times (p-2)^2 \equiv (-1)^{(p+1)/2}\ (mod\ p)$$

e

$$2^2 \times 4^2 \times 6^2 \times \cdots \times (p-1)^2 \equiv (-1)^{(p+1)/2}\ (mod\ p).$$

Solução: Para verificarmos ambas as congruências basta utilizar o Teorema de Wilson. Já que p é primo, pelo referido teorema temos o seguinte:

$$1 \times 2 \times 3 \times \cdots \times (p-3)(p-2)(p-1) \equiv -1 \pmod p.\ (*)$$

Substituindo os termos pares, $2, 4, 6, \ldots, (p-1)$, respectivamente, por $-(p-2), -(p-4), \ldots, -1$, obtemos:

$$(-1)^{(p-1)/2} \cdot 1 \cdot (p-2) \cdot 3 \cdot (p-4) \cdot 5 \cdot (p-6) \cdots (p-2) \cdot 1 \equiv -1 \pmod p,$$

uma vez que, de 1 até $(p-1)$ temos $(p-1)/2$ pares. Sendo p ímpar, todos os fatores na congruência acima são ímpares e cada um deles aparece duas vezes, logo:

$$(-1)^{(p-1)/2} \cdot 1^2 \cdot 3^2 \cdot 5^2 \cdots (p-2)^2 \equiv -1 \pmod p$$

Multiplicando ambos os membros da congruência por $(-1)^{(p-1)/2}$ e somando os expoentes no segundo membro, obtemos o primeiro resultado:

$$1^2 \times 3^2 \times 5^2 \times \cdots \times (p-2)^2 \equiv (-1)^{(p+1)/2} \pmod p$$

Para a segunda congruência, faremos de modo absolutamente análogo. Em $(*)$ substitua os termos ímpares, $1, 3, 5, \ldots, (p-2)$, respectivamente, por $-(p-1), -(p-3), \ldots, -2$, e assim:

$$(-1)^{(p-1)/2} \cdot (p-1) \cdot 2 \cdot (p-3) \cdot 4 \cdot (p-5) \cdot 6 \cdots 2 \cdot (p-1) \equiv -1 \pmod p,$$

e utilizando o mesmo raciocínio que fizemos acima, todos os fatores na última congruência são pares e aparecem duas vezes cada. Daí,

$$(-1)^{(p-1)/2} \times 2^2 \times 4^2 \times 6^2 \times \cdots \times (p-1)^2 \equiv -1 \pmod p.$$

Com o mesmo artifício de multiplicar ambos os membros da congruência por $(-1)^{(p-1)/2}$, concluímos o resultado:

$$2^2 \times 4^2 \times 6^2 \times \cdots \times (p-1)^2 \equiv (-1)^{(p+1)/2} \pmod{p}.$$

■

APÊNDICE A

PRINCÍPIO DA INDUÇÃO FINITA

Não é difícil convencer alguém que é válido o seguinte Princípio da Boa Ordenação dos Números Naturais:

Axioma A.1 (PBO). *Todo subconjunto* $S \subset \mathbb{N}$, $S \neq \varnothing$, *possui um elemento mínimo, isto é,*

$$\textit{existe } s_0 \in S \textit{ tal que } s_0 \leq s, \textit{ para todo } s \in S.$$

Teorema A.1 (PIM). *Seja* $P(n)$ *uma sentença que é verdadeira para cada* $n \in \mathbb{N}$. *Se*

i) $P(1)$ *é verdadeira, e*

ii) para cada $k \in \mathbb{N}$, *se* $P(k)$ *é verdadeira, então* $P(k+1)$ *é verdadeira.*

Então $P(n)$ *é verdadeira para cada* $n \in \mathbb{N}$.

Observação: A hipótese $i)$ no Teorema A.1 é chamada de *passo base*, e a hipótese $ii)$ é chamada de *passo indutivo*. O Teorema A.1 é válido somente se ambos os passos base e indutivo são válidos.

Demonstração: Consideremos o conjunto $S = \{n \in \mathbb{N} : P(n) \text{ é falso}\}$. Vamos mostrar que $S = \varnothing$, resultando que a afirmação $P(n)$ é verdadeira para todo $n \in \mathbb{N}$.

Suponhamos que $S \neq \varnothing$. Como S é um subconjunto não vazio dos números naturais, existe $n_0 = \min S$, pelo Princípio da Boa Ordenação dos números naturais. Devido $P(1)$ ser verdadeira, temos $1 \notin S$, isto é, $n_0 > 1$.

Como n_0 é o menor elemento de S, o número $n_0 - 1 \notin S$. Assim, $P(n_0 - 1)$ é verdadeira, e pela hipótese indutiva, $P[(n_0 - 1) + 1] = P(n_0)$ é verdadeira. Mas, $n_0 \in S$, pois é o menor elemento de S. Temos uma contradição: $n_0 \in S$ e $n_0 \notin S$.

Portanto, $S = \varnothing$, e com as hipóteses do Teorema A.1, temos que $P(n)$ é verdadeira para todo $n \in \mathbb{N}$

■

Exemplo A.1: Mostre, utilizando o Princípio da Indução Finita, que $n \geq 4 \Rightarrow n! > 2^n$.

Solução: Para $n = 4$, a afirmação é verdadeira, pois

$$4! = 24 > 2^4 = 16.$$

Suponhamos que a proposição seja verdadeira para $k > 4$ e vamos demonstrar que ela é válida para $k + 1$.

De fato,

$$
\begin{aligned}
k! > 2^k, \ k > 4 \quad &\Rightarrow \quad k!(k+1) > 2^k(k+1) \\
&\Rightarrow \quad (k+1)! > 2^k \cdot 2, \quad (k > 4 \Rightarrow k+1 > 5 > 2.) \\
&\Rightarrow \quad (k+1)! > 2^{k+1}.
\end{aligned}
$$

Portanto, $n! > 2^n$, para todo $n \in \mathbb{N}, n \geq 4$.

■

Exemplo A.2: Mostre, utilizando o Princípio da Indução Finita, que

$$1 + 2 + \cdots + n = \frac{n(n+1)}{2}, \text{para todo n} \in \mathbb{N}.$$

Solução: Para $n = 1$, a afirmação é verdadeira, pois

$$1 = \frac{1(1+1)}{2}.$$

Suponhamos que a proposição seja verdadeira para $k > 1$ e vamos demonstrar que ela é válida para $k + 1$.

Temos

$$
\begin{aligned}
1 + 2 + \cdots + k + (k+1) \quad &= \quad \frac{k(k+1)}{2} + (k+1) \\
&= \quad \frac{k(k+1)}{2} + \frac{2(k+1)}{2} \\
&= \quad \frac{(k+1)(k+2)}{2}.
\end{aligned}
$$

Portanto, $1 + 2 + \cdots + n = \dfrac{n(n+1)}{2}$, todo $n \in \mathbb{N}$.

■

Exercício A.3: Mostre que

$$1 + 3 + 5 + \cdots + (2n-1) = n^2, \text{ para todo } n \in \mathbb{N}.$$

Demonstração: Para $n = 1$, a afirmação é verdadeira, pois

$$1 = 1^2.$$

Suponhamos que a proposição seja verdadeira para $k > 1$ e vamos demonstrar que ela é válida para $k + 1$.

Temos

$$\begin{aligned} [1 + 3 + 5 + \cdots + (2k - 1)] + (2k + 1) &= [k^2] + (2k + 1) \\ &= k^2 + 2k + 1 \\ &= (k + 1)^2. \end{aligned}$$

Portanto, $1 + 3 + 5 + \cdots + (2n - 1) = n^2$, para todo $n \in \mathbb{N}$

■

Exemplo A.4: Demonstre, utilizando o Princípio da Indução Finita que

$$1 + a + \cdots + a^n = \frac{a^{n+1} - 1}{a - 1},$$

sejam quais forem $a, n \in \mathbb{N},\ a \neq 1$.

Solução: Para $n = 1$, a afirmação é verdadeira, pois

$$1 + a = \frac{a^2 - 1}{a - 1} = \frac{(a + 1)(a - 1)}{a - 1} = a + 1.$$

Suponhamos que a proposição seja verdadeira para $k > 1$ e vamos demonstrar que ela é válida para $k + 1$.

Temos a seguinte sequência de igualdades:

$$\begin{aligned}1 + a + \cdots + a^k + a^{k+1} &= \frac{a^{k+1} - 1}{a - 1} + a^{k+1} \\ &= \frac{a^{k+1} - 1}{a - 1} + \frac{(a-1)a^{k+1}}{a - 1} \\ &= \frac{a^{k+2} - 1}{a - 1}.\end{aligned}$$

Portanto, $1+a+\cdots+a^n = \dfrac{a^{n+1} - 1}{a - 1}$, sejam quais forem $a,\ n \in \mathbb{N}, a \neq 1$.

■

Exemplo A.5: (Desigualdade de Bernoulli) Mostre que, para todo $x \in \mathbb{R}$, $x \geq -1$, e todo $n \in \mathbb{N}$ tem-se

$$(1 + x)^n \geq 1 + nx.$$

Solução: Para $n = 1$, a afirmação é verdadeira, pois

$$(1 + x)^1 = 1 + 1 \cdot x.$$

Suponhamos que a proposição seja verdadeira para $k > 1$ e vamos demonstrar que ela é válida para $k + 1$.

De fato, multiplicando ambos os membros de

$$(1 + x)^k \geq (1 + kx)$$

por $(1 + x) \geq 0$, obtemos

$$\begin{aligned}(1 + x)^{k+1} = (1 + x)^k(1 + x) &\geq (1 + kx)(1 + x) \\ &= 1 + (k + 1)x + kx^2 \\ &\geq 1 + (k + 1)x,\end{aligned}$$

pois $kx^2 \geq 0$.

Assim,

$$(1+x)^k \geq (1+kx) \Rightarrow (1+x)^{k+1} \geq 1+(k+1)x.$$

Portanto, para todo $x \in \mathbb{R}$, $x \geq -1$, e todo $n \in \mathbb{N}$, tem-se

$$(1+x)^n \geq 1+nx$$

■

Exemplo A.6: Prove por indução que $(1+x)^n \geq 1+nx+\dfrac{n(n-1)}{2}x^2$ se $x \geq 0$.

Solução: Para $n=1$, a afirmação é verdadeira, pois

$$(1+x)^1 = 1+1\cdot x.$$

Suponhamos que a proposição seja verdadeira para $k > 1$ e vamos demonstrar que ela é válida para $k+1$.

Com efeito, multiplicando ambos os membros de

$$(1+x)^k \geq 1+kx+\frac{k(k-1)}{2}x^2$$

por $(1+x) \geq 0$, obtemos:

$$\begin{aligned}(1+x)^{k+1} = (1+x)^k(1+x) &\geq \left[1+kx+\frac{k(k-1)}{2}\,x^2\right](1+x)\\ &= 1+(k+1)x+\frac{(k+1)k}{2}\,x^2\\ &\quad +\frac{k(k-1)}{2}\,x^3\\ &\geq 1+(k+1)x+\frac{(k+1)k}{2}\,x^2,\end{aligned}$$

pois $\dfrac{k(k-1)}{2}\,x^3 \geq 0$.

Assim,

$$(1+x)^k \geq 1+kx+\frac{k(k-1)}{2}x^2 \Rightarrow (1+x)^{k+1} \geq 1+(k+1)x+\frac{(k+1)k}{2}\,x^2.$$

Portanto,

$$(1+x)^n \geq 1+nx+\frac{n(n-1)}{2}x^2,$$

para todo $n \in \mathbb{N}$ se $x \geq 0$.

■

Exemplo A.7: Mostre a seguinte fórmula por indução:

$$\frac{1}{1\cdot 2}+\frac{1}{2\cdot 3}+\cdots+\frac{1}{n(n+1)}=\frac{n}{n+1}$$

Solução: Para $n=1$, a afirmação é verdadeira, pois

$$\frac{1}{1\cdot 2}=\frac{1}{1+1}.$$

Suponhamos que a proposição seja verdadeira para $k>1$ e vamos demonstrar que ela é válida para $k+1$.

De fato,

$$\left[\frac{1}{1\cdot 2}+\frac{1}{2\cdot 3}+\cdots+\frac{1}{k(k+1)}\right]+\frac{1}{(k+1)(k+2)}=$$

$$=\left[\frac{k}{k+1}\right]+\frac{1}{(k+1)(k+2)}$$

$$=\frac{k^2+2k+1}{(k+1)(k+2)}=\frac{(k+1)^2}{(k+1)(k+2)}=\frac{k+1}{k+2}.$$

Portanto,

$$\frac{1}{1\cdot 2}+\frac{1}{2\cdot 3}+\cdots+\frac{1}{n(n+1)}=\frac{n}{n+1},$$

para todo $n \in \mathbb{N}$. ■

Exemplo A.8: Mostre que 30 divide $n^5 - n$ para todo $n \in \mathbb{N}$.

Solução: Um número é divisível por 30 se, e somente se, é divisível por 2, 3, e 5 (os mesmos fatores de 30). Notemos que

$$n^5 - n = n(n^4 - 1) = n(n^2 - 1)(n^2 + 1) = n(n - 1)(n + 1)(n^2 + 1)$$

e que n ou $n + 1$ é par, $n^5 - n$ é divisível por 2. Além disso, um dos números $n - 1$, n e ou $n + 1$ é divisível por 3, segue que $n^5 - n$ é divisível por 3.

Vamos demonstrar por indução sobre n que $n^5 - n$ é divisível por 5.

Temos:

$$\begin{aligned}(n+1)^5 - (n+1) &= n^5 + 5n^4 + 10n^3 + 10n^2 + 4n \\ &= (n^5 - n) + (5n^4 + 10n^3 + 10n^2 + 5n) \\ &= (n^5 - n) + 5(n^4 + 2n^3 + 2n^2 + n)\end{aligned}$$

O primeiro termo da última igualdade acima é divisível por 5. Como supusemos que o primeiro termo é divisível por 30, significa que ele também é divisível por 30.

Portanto, 30 divide $n^5 - n$.

■

Exemplo A.9: Prove que $5^{2n} - 1$ é um múltiplo de 8 para todo $n \in \mathbb{N}$.

Solução: Para $n = 1$, a sentença é verdadeira, pois $8 \mid 24$.

Suponhamos que a sentença seja verdadeira para $k > 1$ e vamos demonstrá-la para $k + 1$.

Com efeito: $5^{2(k+1)} - 1 = 5^{2k+2} - 1 = 24 \cdot 5^{2k} + (5^{2k} - 1)$.

A primeira parcela na última igualdade acima é divisível por 8, pois $8 \mid 24$ e a parcela dentro dos parênteses é divisível por 8 pela hipótese da indução. Desta forma fica demonstrado o passo indutivo.

■

Exemplo A.10: Prove que $9^n - 4^n$ é múltiplo de 5 para todo $n \in \mathbb{N}$.

Solução: Para $n = 1$ a afirmação claramente é verdadeira.

Suponhamos que a afirmação seja verdadeira para $k > 1$ e vamos prová-la para $k + 1$.

De fato,

$$9^{k+1} - 4^{k+1} = 4 \cdot (9^k - 4^k) + 5 \cdot 9^k.$$

Como $(9^k - 4^k)$ é múltiplo de 5 pela hipótese da indução e a segunda parcela da última igualdade também é múltiplo de 5, então a afirmação é verdadeira para $k + 1$, completando a indução.

∎

Exemplo A.11: Qualquer número de Fibonacci F_n pode ser obtido pela fórmula fechada

$$F_n = \frac{1}{\sqrt{5}} \left[\left(\frac{1+\sqrt{5}}{2} \right)^n - \left(\frac{1-\sqrt{5}}{2} \right)^n \right].$$

Solução: Vamos utilizar a segunda forma de indução sobre n.

A afirmação é verdadeira para $n = 1$ e $n = 2$ pois,

$$\begin{cases} F_1 = \dfrac{\left(\frac{1+\sqrt{5}}{2}\right)^1 - \left(\frac{1-\sqrt{5}}{2}\right)^1}{\sqrt{5}} = \dfrac{\frac{1+\sqrt{5}-1+\sqrt{5}}{2}}{\sqrt{5}} = \dfrac{\frac{2\sqrt{5}}{2}}{\sqrt{5}} = \dfrac{\sqrt{5}}{\sqrt{5}} = 1 \\ F_2 = \dfrac{\left(\frac{1+\sqrt{5}}{2}\right)^2 - \left(\frac{1-\sqrt{5}}{2}\right)^2}{\sqrt{5}} = \dfrac{\frac{1+2\sqrt{5}+5}{4} - \frac{1-2\sqrt{5}+5}{4}}{\sqrt{5}} = \dfrac{\sqrt{5}}{\sqrt{5}} = 1 \end{cases}$$

Logo, vale a base da indução.

Suponhamos que a afirmação seja verdadeira para $n = k$ e $n = k + 1$, ou seja

$$F_k = \frac{\left(\frac{1+\sqrt{5}}{2}\right)^k - \left(\frac{1-\sqrt{5}}{2}\right)^k}{\sqrt{5}} \text{ e } F_{k+1} = \frac{\left(\frac{1+\sqrt{5}}{2}\right)^{k+1} - \left(\frac{1-\sqrt{5}}{2}\right)^{k+1}}{\sqrt{5}}$$

Devemos mostrar que a afirmação também é verdadeira para $n = k + 2$, ou seja, mostraremos que

$$F_{k+2} = \frac{\left(\frac{1+\sqrt{5}}{2}\right)^{k+2} - \left(\frac{1-\sqrt{5}}{2}\right)^{k+2}}{\sqrt{5}}$$

De fato, $F_{k+2} = F_{k+1} + F_k$, então:

$$F_{k+2} = F_k + F_{k+1} = \frac{\left(\frac{1+\sqrt{5}}{2}\right)^{k} - \left(\frac{1-\sqrt{5}}{2}\right)^{k}}{\sqrt{5}} + \frac{\left(\frac{1+\sqrt{5}}{2}\right)^{k+1} - \left(\frac{1-\sqrt{5}}{2}\right)^{k+1}}{\sqrt{5}}$$

$$= \frac{\left(\frac{1+\sqrt{5}}{2}\right)^{k} + \left(\frac{1+\sqrt{5}}{2}\right)^{k+1} - \left(\frac{1-\sqrt{5}}{2}\right)^{k} - \left(\frac{1-\sqrt{5}}{2}\right)^{k+1}}{\sqrt{5}}$$

$$= \frac{\left(\frac{1+\sqrt{5}}{2}\right)^{k} + \left(\frac{1+\sqrt{5}}{2}\right)^{k}\left(\frac{1+\sqrt{5}}{2}\right) - \left(\frac{1-\sqrt{5}}{2}\right)^{k} - \left(\frac{1-\sqrt{5}}{2}\right)^{k}\left(\frac{1-\sqrt{5}}{2}\right)}{\sqrt{5}}$$

$$= \frac{\left(\frac{1+\sqrt{5}}{2}\right)^{k}\left(1 + \frac{1+\sqrt{5}}{2}\right) - \left(\frac{1-\sqrt{5}}{2}\right)^{k}\left(1 + \frac{1-\sqrt{5}}{2}\right)}{\sqrt{5}}$$

$$= \frac{\left(\frac{1+\sqrt{5}}{2}\right)^{k}\left(\frac{3+\sqrt{5}}{2}\right) - \left(\frac{1-\sqrt{5}}{2}\right)^{k}\left(\frac{3-\sqrt{5}}{2}\right)}{\sqrt{5}}$$

mas,

$$\left(\frac{1+\sqrt{5}}{2}\right)^2 = \frac{1+2\sqrt{5}+5}{4} = \frac{6+2\sqrt{5}}{4} = \frac{3+\sqrt{5}}{2}$$

$$\left(\frac{1-\sqrt{5}}{2}\right)^2 = \frac{1-2\sqrt{5}+5}{4} = \frac{6-2\sqrt{5}}{4} = \frac{3-\sqrt{5}}{2}$$

então,

$$F_{k+2} = \frac{\left(\frac{1+\sqrt{5}}{2}\right)^k \left(\frac{1+\sqrt{5}}{2}\right)^2 - \left(\frac{1-\sqrt{5}}{2}\right)^k \left(\frac{1-\sqrt{5}}{2}\right)^2}{\sqrt{5}}$$

$$= \frac{\left(\frac{1+\sqrt{5}}{2}\right)^{k+2} - \left(\frac{1-\sqrt{5}}{2}\right)^{k+2}}{\sqrt{5}}$$

O que conclui a demonstração.

■

Exemplo A.12: Prove que

$$1^3 + 2^3 + 3^3 + \cdots + n^3 = \frac{1}{4}n^2(n+1)^2,$$

para todo $n \in \mathbb{N}$.

Solução: Para $n = 1$, temos:

$$1^3 = \frac{1}{4} \cdot 1^2(1+1)^2 \text{ é verdadeira.}$$

Suponhamos que a afirmação vale para $k > 1$, isto é,

$$1^3 + 2^3 + 3^3 + \cdots + k^3 = \frac{1}{4}k^2(k+1)^2.$$

Vamos mostrar que vale para $k + 1$. Com efeito:

$$\begin{aligned}
1^3 + 2^3 + 3^3 + \cdots + k^3 + (k+1)^3 &= \underbrace{\frac{1}{4}k^2(k+1)^2}_{\text{Hipótese de indução}} + (k+1)^3 \\
&= \frac{(k+1)^2}{4}[k^2 + 4(k+1)] \\
&= \frac{(k+1)^2}{4}(k^2 + 4k + 4) \\
&= \frac{(k+1)^2}{2^2}(k+2)^2 \\
&= \left(\frac{(k+1)(k+2)}{2}\right)^2
\end{aligned}$$

Portanto,

$$1^3 + 2^3 + 3^3 + \cdots + n^3 = \frac{1}{4}n^2(n+1)^2,$$

para todo $n \in \mathbb{N}$.

■

Exemplo A.13: Prove que

$$1^2 + 2^2 + \cdots + n^2 = \frac{1}{6}n(n+1)(2n+1)$$

para todo $n \in \mathbb{N}$.

Solução: Para $n = 1$ a sentença é verdadeira, pois:

$$1^2 = \frac{1}{6} \cdot 1(1+1)(2 \cdot 1 + 1).$$

Suponhamos que a sentença seja verdadeira para $k > 1$ e demonstraremos que é válida para $k+1$. De fato,

$$\begin{aligned}
1^2 + 2^2 + \cdots + k^2 + (k+1)^2 &= \underbrace{\frac{1}{6}k(k+1)(2k+1)}_{\text{Hipótese de indução}} + (k+1)^2 \\
&= (k+1)\left(\frac{k(2k+1)}{6} + (k+1)\right) \\
&= (k+1)\left(\frac{2k^2 + k + 6k + 6}{6}\right) \\
&= (k+1)\left(\frac{2k^2 + 7k + 6}{6}\right) \\
&= \frac{1}{6}(k+1)(k+2)(2k+3)
\end{aligned}$$

Portanto, a sentença é verdadeira para todo $n \in \mathbb{N}$.

■

Exemplo A.14: Mostre que $5^n + 13 < 6^n$, para todo número natural $n \geq 3$.

Solução: Para $n = 3$, a afirmação é verdadeira, pois $138 < 216$.

Suponhamos que a afirmação seja verdadeira para $k > 3$ e vamos mostrar que ela também é válida para $k + 1$.

Multiplicando por 6 ambos os membros da hipótese da indução temos:

$$5^k + 13 < 6^k \implies 6(5^k + 13) < 6 \cdot 6^k = 6^{k+1}.$$

Agora basta observar que:

$$5^{k+1} + 13 = 5 \cdot 5^k + 13 < 6(5^k + 13) = 6 \cdot 5^k + 78 < 6^{k+1}.$$

Logo, a afirmação é válida para $k+1$ e, portanto, a proposição é verdadeira para todo $n \geq 3$.

■

Exemplo A.15: Mostre que para todo $n \in \mathbb{N}$, vale a seguinte desigualdade:

$$3^n \geq 2n + 1.$$

Solução: Para $n = 1$, a sentença é verdadeira, valendo a igualdade.

Suponhamos que a sentença vale para $k > 1$, e vamos mostrá-la para $k+1$.

De fato:

$$3^{k+1} = 3 \cdot 3^k \geq 3 \cdot (2k + 1) > 2k + 3 = 2(k + 1) + 1.$$

Portanto, a desigualdade é verdadeira para todo $n \in \mathbb{N}$.

■

Exemplo A.16: Prove que

$$(2n)! < 2^{2n}(n!)^2,$$

para todo $n \in \mathbb{N}$.

Solução: Para $n = 1$, temos $(2 \cdot 1)! < 2^{2 \cdot 1}(1!)^2 \Rightarrow 2 < 4$. A sentença é verdadeira.

Suponhamos que a sentença analisada seja verdadeira para $k > 1$, e vamos demonstrá-la para $k + 1$, isto é:

$$(2k)! < 2^{2k}(k!)^2 \Rightarrow (2k + 2)! < 2^{2k+2}((k + 1)!)^2.$$

De fato: certamente é verdadeira a desigualdade

$$(2k+1)(2k+2) < (2k+2)(2k+2) = 2^2 \cdot (k+1)^2, \forall \in \mathbb{N}.$$

Então, tomando a sentença da nossa hipótese de indução e multiplicando por esta última desigualdade, membro a membro, temos:

$$\begin{aligned}(2k)! < 2^{2k}(k!)^2 &\Rightarrow (2k)! \cdot (2k+1)(2k+2) < 2^{2k} \cdot 2^2 \cdot (k!)^2 \cdot (k+1)^2 \\ &\Rightarrow (2k+2)! < 2^{2k+2} \cdot [(k+1)!]^2.\end{aligned}$$

Portanto, a sentença é verdadeira para todo $n \in \mathbb{N}$.

■

Exemplo A.17: Prove, usando indução, que $n^3 < n!$, para todo $n \geq 6$.

Solução: Para $n = 6$, temos $6^3 < 6! \Rightarrow 216 < 720$. A sentença é verdadeira para o caso base.

Suponhamos que seja verdadeira a sentença para $k > 6$ e vamos demonstrá-la para $k + 1$.

De fato, multiplicando ambos os membros de nossa hipótese de indução por $\dfrac{(k+1)^3}{k^3} < k + 1$ (vale para $k \geq 3$, prove!), temos:

$$k^3 < k! \Rightarrow k^3 \cdot \frac{(k+1)^3}{k^3} < k! \cdot (k+1)$$
$$(k+1)^3 < (k+1)!$$

Portanto a sentença é válida para todo $n \in \mathbb{N}$.

■

Exemplo A.18: Mostre que para cada inteiro $n \geq 2$,

$$1 + \frac{1}{\sqrt{2}} + \frac{1}{\sqrt{3}} + \cdots + \frac{1}{\sqrt{n}} \geq \sqrt{n}.$$

Solução: Para $n = 2$, temos:

$$1+\frac{1}{\sqrt{2}}>\sqrt{2}.$$

A afirmação é verdadeira, basta fazer a aproximação decimal.

Suponhamos que vale a hipótese de indução, isto é,

$$1+\frac{1}{\sqrt{2}}+\frac{1}{\sqrt{3}}+\cdots+\frac{1}{\sqrt{k}}\geq\sqrt{k}\quad\text{(I)}$$

Note que:

$$\begin{aligned}(\sqrt{k+1}-\sqrt{k})&=\frac{(\sqrt{k+1}-\sqrt{k})(\sqrt{k+1}+\sqrt{k})}{(\sqrt{k+1}+\sqrt{k})}\\&=\frac{1}{(\sqrt{k+1}+\sqrt{k})}<\frac{1}{\sqrt{k+1}},\end{aligned}$$

isto é,

$$\frac{1}{\sqrt{k+1}}>(\sqrt{k+1}-\sqrt{k})\quad\text{(II)}$$

Adicionando membro a membro (I) e (II), temos:

$$1+\frac{1}{\sqrt{2}}+\frac{1}{\sqrt{3}}+\cdots+\frac{1}{\sqrt{k}}+\frac{1}{\sqrt{k+1}}\geq\sqrt{k+1},$$

provando a tese do passo indutivo.

Portanto, a afirmação é verdadeira para todo inteiro $n\geq 2$.

■

BIBLIOGRAFIA

[1] ALENCAR FILHO, Edgar de. *Teoria elementar dos números*. 2. ed. São Paulo: Nobel, 1985.

[2] ALENCAR FILHO, Edgar de. *Teoria das congruências*. São Paulo: Nobel, 1986.

[3] ANDREESCU, Titu; ANDRICA, Dorian; FENG, Zuming. *104 number theory problems: from the training of the USA IMO team* Springer Science & Business Media, 2007. Disponível em: <http://www.umtk.info/index.php?Itemid=2&gid=33&option=com_docman&task=doc_download>. Acesso em: 20 out. 2017.

[4] ANDREESCU, Titu; ANDRICA, Dorian. *Number Theory*: structures, examples and problems. Springer Science & Business Media, 2009. Disponível em: <http://matek.fazekas.hu/images/konyvek/andreescu-andrica-problems-on-number-theory.pdf>. Acesso em: 01 out. 2017.

[5] CARNEIRO, Emanuel; PAIVA, Max; CAMPOS, Onofre. *Olimpíadas Cearenses de Matemática 1981-2005 nível fundamental*. Rio de Janeiro: SBM, 2014. (Coleção Olimpíadas de Matemática; 06)

[6] DJUKIĆ, Dušan, et al. *The IMO Compendium*: A Collection of Problems Suggested for The International Mathematical Olympiads: 1959-2004. Springer Science & Business Media, 2005. Disponível em: <http://web.cs.elte.hu/ nagyzoli/compendium.pdf>. Acesso em: 14 nov. 2017.

[7] EVES, Howard. *Introdução à história da matemática*. Tradução de Hygino H. Domingues. 5. ed. Campinas-SP: Editora da Unicamp, 2011.

[8] FEITOSA, S. Barbosa. *Pólos Olímpicos de Treinamento:* Curso de Teoria dos Números - Nível 2. Disponível em: <http://poti.impa.br/index.php/site/material>. Acesso em: 02 ago. 2017.

[9] FEITOSA, S. Barbosa; HOLANDA, Bruno. *Equações Diofantinas*. Disponível em: <http://conesul2006.tripod.com/Material/material3.2007.pdf>. Acesso em: 02 set. 2017.

[10] HAZZAN, Samuel. *Fundamentos de matemática elementar 5*: combinatória, probabilidade: 43 exercícios resolvidos, 439 exercícios propostos com resposta, 155 testes de vestibular com resposta. 7. ed. São Paulo: Atual, 2004.

[11] HEFEZ, Abramo. *Iniciação à aritmética*. Rio de Janeiro: IMPA, 2015.

[12] HEFEZ, Abramo. *Aritmética*. Rio de Janeiro: SBM, 2014. (Coleção PROFMAT; 08)

[13] MARTINEZ, Fabio Bochero; et al. *Teoria dos números*: um passeio com primos e outros números familiares pelo mundo inteiro. 4. ed. Rio de Janeiro: IMPA, 2015. (Projeto Euclides)

[14] MUNIZ NETO, Antonio Caminha. *Tópicos de Matemática Elementar*: teoria dos números. 2. ed. Rio de Janeiro: SBM, 2013. (Coleção Professor de Matemática; 28)

[15] SAID, José Heber Nieto. *Teoría de Números para Olimpíadas Matemáticas*. Asociación Venezolana de Competencias Matemáticas: Caracas, 2014. Disponível em: <http://www.acm.ciens.ucv.ve/main/TNumerosOlimpiadas-final.pdf>. Acesso em: 01 fev. 2018.

[16] SANTOS, José Plínio de Oliveira. *Introdução à teoria dos números*. 3. ed. Rio de Janeiro: IMPA: 2015. (Coleção Matemática Universitária)

[17] SANTOS, Antonio Luiz. *Problemas selecionados de matemática*. Rio de Janeiro: Editora Ciência Moderna Ltda., 2006. p. 230-381.

[18] SANTOS, David A. *Number Theory for Mathematical Contests*. 2007. Disponível em: <https://www.fmf.uni-lj.si/ lavric/Santos%20-%20Number%20Theory%20for %20Mathematical%20Contests.pdf>. Acesso em: 22 dez. 2017.

[19] STEVENS, Justin. *Olympiad Number Theory Through Challenging Problems*. 3. ed. Disponível em: <http://s3.amazonaws.com/aops-cdn.artofproblemsolving.com/resources/ articles/olympiad-number-theory.pdf>. Acesso em: 15 set. 2017.

ANOTAÇÕES

Impressão e acabamento
Gráfica da Editora Ciência Moderna Ltda.
Tel: (21) 2201-6662